刘 薰 宇 的 55 堂 数 学 思 维 课

数学可以这样学 3

数 学 的 园 地

刘薰宇◎著　　许祥军◎解读

東北大學出版社
Northeastern University Press

开场话

我在中学三年级学物理的时候，曾经碰过一次物理教员的钉子，现在只要一想到，额头上好像都还有余痛。详细的情形已不大记得清楚了，大概是这样的：为了一个什么公式，我不知道它的来源，便很愚笨地向那位教员追问。

起初，他很和善，虽然已有点儿不大高兴，他说："你记住好了，怎样来的，说出来你这时也不会懂。"在我那时呆板而幼稚的心里，无论如何不承认"真有说来不会懂"这么一回事，仍旧不知趣地这样请求："先生，说说看吧！"他真懊恼了，这一点我记得非常清楚。他的脸，发一阵儿红又发一阵儿青，他很气愤，呼吸很急促，手也颤抖了，从桌子上拿起一支粉笔使劲儿地在黑板上写了这样几个字 $\frac{\mathrm{d}y}{\mathrm{d}x}$ (后来我知道这只是符号，不好单看成几个字)，眼睛瞪着我，几乎想要将我吞到他的肚子里才甘心似的，"这你懂吗？"我吓得不敢出声，心里暗想"真是不懂"。

从那一次起，我被吓得自己只好承认不懂，然而总也不大甘心，常常想，从什么书上去找$\frac{\mathrm{d}y}{\mathrm{d}x}$这几个奇怪的字看。可惜得很，一直过了三年才遇见它，才算“懂其所懂”地懂了一点。真的，第一次知道它的意义的时候，心里感到无限的喜悦！

不管怎样，马马虎虎，我总算懂了，然而我的年龄也大起来了，我已经踏进了被人追问的阶段了！“代数、几何都学过了，学些什么呢？”“微积分是怎样的东西呢？”这类问题，常常被比我年纪小的朋友问到，我总记起我碰钉子时的苦闷，不忍心让他们也在我的面前碰，常常想些似是而非的解说，使他们不全然失望。不过，总觉得这也于心不安，我相信一定可以简单地说明它们的大意，只是我不曾仔细地思索过。最近偶然在书店里看见一本《两小时的数学》(*Deux Heures de Mathématique*)，书名很奇特，便买了下来。翻读一会儿，觉得它能够替我来解答前面的问题，因此就依据它，写成这本书，算是了却一桩心事。我常常这样想，数学和辣椒有些相似，没有吃过的人，初次吃到，免不了要叫、要哭，但真吃惯了，不吃却无法生活下去。不只这样，就是吃到满头大汗，两眼泪流，身体上固然忍受着很大的痛苦，精神上却愈加舒畅。

有一点却得先声明，学习数学的每个阶段都是很严谨的，只好一步一步地走下去。要跳，那简直是妄想，结果只有跌下来。因此，这里虽然竭力避去繁重的说明，但也是对于曾经学过初等算术、代数、几何而没有全部忘掉的人说的。因此先来简单地说几句关于算术、代数、几何的话。

算术

无论哪一个人要走进数学的园地里去游览一番，一进门碰到的都是算术。这是因为它比较容易，也比较简单，所以易于亲近的缘故。话虽这样讲，真在数学的园地里游个尽兴，到后来你碰到的却又是它了。“整数的理论”就是数学中最难的部分。你在算术中，经过了加、减、乘、除四道正门，可以看到一座大厅，门上横着一块大大的匾，写的是“整数的性质”五个大字。走过大厅，很快来到分数的庭院，你当然很高兴。但是我问你：你在那大厅里究竟得到了什么呢？里面最重要的不是质数吗？1，3，5，7，11，13，…你都知道它们是质数了吧？然而，这就够了吗？随便给你一个数，比如103，你能够用比它小的质数一个一个地去除它，除到最后，得数比除数小而且除不尽，你就断定它是质数。这个法子是非常靠得住的，一点儿不会欺骗你。然而这只是一个小方法，真要把它正正经经地来用，那就叫你不得不摇头了。倘若我给你的不是103，而是一个有103位的整数，你还能呆板地照这个小方法去判定它是不是质数吗？人寿几何，一个不凑巧，恐怕你还没有试到一半，已经天昏地暗了。那么，有没有别的法子可以判定一个数是不是质数呢？对不起，真想知道答案，就多请一些人到这座大厅里去转转吧。

在“整数的理论”中，问题有很多，得到了其他一部分数学的帮助，也解决过一些，所以算术也是在它的领域内常常增加新的建筑和点缀的，只不过不及其他部分来得快罢了。

代数

走进代数的殿堂，你了解了一次方程式和二次方程式，这自然是值得高兴的事情。算术碰见了要弄得焦头烂额的四则问题，只要用一两个罗马字母去代替那所求的数，根据题目已说明白的条件，创建一个方程式，就可以死板地照法则求出答数来，真是轻巧又明白！代数比算术有趣得多、容易得多！但是，这也只是在那殿堂里随便玩玩就走了出来的说法，若留恋在里面，又将遇到许多困难了。一次、二次方程式总算会解了，一般的方程式如何解呢？

几何

几何的这座院子，里面本来是陈列着一些直线和曲线的图形的，所以，你最开始走进去的时候，立刻会感到特别有趣味，好像它在数学的园地里，俨然别有天地。自从笛卡儿（Descartes）发现了它和代数的院落的通道，这座院子也就不是孤零零的了，它的内部变得更加充实、富丽。莱布尼茨（Leibniz）用解析的方法也促进了它的生长、繁荣。的确，用二元一次方程式 $y=mx+c$ 表示直线，用二元二次方程式 $x^2+y^2=c^2$ 和 $\frac{x^2}{a^2}+\frac{y^2}{b^2}=1$ 相应地表示圆和椭圆，实在便利不少。这条路一经发现，来往行人都可通过，并不是只许进不许出，所以解析数学和几何就手挽手互相扶持着向前发展。还有，这条路被发现以后，也不是因为它比较便利，几何的院子单独的出路上便悬上一块“路不通行，游人止步”的牌。它独自向前发展，也一样没有停息。即如黎曼（Riemann）就是走老路。题着“位置分析”（analysis situs），又题着“形学”（topobogie）的那间亭子，也就是后来新造的。你要想在里面看见空间的性质以及几何的连续的、纯粹的性相，只需用到那“量度”的抽象观念就够了。

集合论（Theéorie des Ensembles）

在物理学的园地里，有着爱因斯坦（Einstein）的相对论原理的新建筑，它所陈列的，是通过灵巧、聪慧的心思和敏锐的洞察力所发明的新定理。像这种性质的宝物，在数学的园地中，也可以找得到吗？在数学的园地里，走来走去，能够见到的都只是一些老花样、旧古董，和游赏一所倾颓的古刹一样吗？

不，绝不！那些古老参天的树干，那些质朴的、从几千百年前遗留下来的亭台楼阁，在这园地里，固然是占重要的地位，极容易映入游人眼帘。倘使你看到了这些还不满足，你慢慢地走进去就可以看到古树林中还有鲜艳的花草，亭楼里面更有新奇的装饰。这些增加了这园地的美感，充实了这园地的生命。由它们就可以知道，数学的园地从开辟到现在，没有一天停止过垦殖。在其他各种园地里，可以看见灿烂耀目的新点缀，但常常也可以见到那旧建筑倾倒以后残留的破砖烂瓦。在数学的园地里，却只有欣欣向荣的盛观。这残败的、使人感到凄凉的遗迹，却非常稀少。它里面的一切建筑装饰，都有着很牢固的根底呀！

在数学的园地里，有一种使人感到不可思议的宝物叫作“无限”(L'infini mathématique)。它常常都是一样的吗？它里面究竟包含着些什么，我们能够说明吗？它的意义必须确定吗？

游到了数学的园地中的一个新的院落，墙门上写着“集合论”三个字的，那里面就可以找到这些问题的答案了。这里面是极有趣味的，用一面大的反射镜，可以叫你看到这整个园地和幽邃的哲学的花园的关联以及它俩的通道。三十年来，康托尔（Cantor）将超限数（Des nombres transfinis）的意义导出，和那物理的园地中惊奇的新建筑同样重要而且令人惊异！在本书的最后，就要说到它。

目录

一 第一步

知识点提要

1. ______

2. ______

3. ______

典型例题

______

______

随着年级的升高，马先生带领学生离开了初等数学的院落，进入到高等数学的院落。首先映入眼帘的是微积分殿堂。

假如，我和你两个人同乘一列火车去旅行，在车里非常寂寞，不凑巧我们既不是诗人，不能从那些经过车窗往后飞奔的田野、树木汲取什么“烟士披里纯①”；我们又不是画家，能够在刹那间感受到自然界色相的美。我们只有枯坐了会儿，觉得那车子走得很慢，真到不耐烦的时候，也许竟会感到比我们自己步行还慢。但这全是主观的，就是同样地以为它走得太慢，我们所感到的慢的程度也不

① 出自徐志摩的一首诗——《草上的露珠儿》。是英语 inspiration 的音译，也就是灵感的意思。

一定相等。我们只管诅咒车子跑得不快，车子一定不肯甘休，要我们拿出证据来，这一下子有事做了，我们两个人就来测量它的速度。

你立在车窗前数那铁路旁边的电线杆——假定它们每两根的距离是相等的，而且我们已经知道了时间——我看着我的表。当你看见第一根电线杆的时候，你立刻叫出“1”来，我就注意我表上的秒针在什么地方。你数到一个数目要停止的时候，又将那数叫出，我再看我表上的秒针指什么地方。这样屈指一算，就可以得出这火车的速度。假如得出来的是每分钟走 1 千米，那么 60 分钟，就是 1 小时，这火车要走 60 千米，火车的速度就是每小时 60 千米。无论怎样，我们都不好说它太慢了。同样地，若是我们知道：一个人 12 秒钟可以跑 100 米，一匹马 30 分钟能跑 15 千米，我们也可以将这个人每秒钟的或这匹马每小时的速度算出来。

这你觉得很容易，是不是？但你真要做得对，就是说，真要得出那火车或人的精确的速度来，实际却很难。比如你另换一个方法，先只注意火车或人从地上的某一点跑到某一点要多长时间，然后用卷尺去量那两点的距离，再计算他们的速度，就多半不会恰好。火车每小时走 60 千米，人每 12 秒钟可跑 100 米。也许火车走 60 千米只要 $59\frac{3}{10}$分，人跑 100 米不过 $11\frac{3}{5}$秒。你只要有足够的耐心，你尽可以去测几十次或一百次，你一定可以看出来，没有几次的得数是全然相同的。所以速度的测法，说起来简便，做起来那就不容易了。你测了一百次，说不定没有一次是对的。但这一点关系也没有，即使一百次中有一次是对的，你也没有法子知道究竟是哪一次。归根结底，我们不得不稳妥地说，只能测到“相近”的数。

说到“相近”，也有程度的不同，用的器械——时表、尺子越精良，“相近”的程度就越高，反过来误差就越大。用极精密的电子表测量时间，误差可以小于百分之一秒。我们可以想象，假如将它弄得更精密些，可以使误差小于千分之一秒，或者还要小些。但无论怎样小，要使这误差没有，都很难做到了！

同样地，我们对于一切运动的测量，也只能得相近的数。第一，自然是因为要测运动，总得测那种运动所经过的距离和花费的时间，而这距离和时间的测量就只能得到相近的数。还不只这样，运动本身也是变动的。

假定一列火车由一个速度变到另一个较大的速度，就是变得更快一些，它绝不能突然就由前一个跳到第二个。那么，在这两个速度当中，有多少不同的中间速度呢？这个数目，老实说，是无限的呀！而我们的测量方法，却只容许我们计算出一个有限的数来。我们计算的时候，时间的单位取得越小，所得的结果自然越和真实的速度相近。但无论用一秒钟做单位或十分之一秒钟做单位，在相邻的两秒钟或两个十分之一秒钟中，常常总是有无限的中间速度。

能够确切认知的速度原是抽象的！

这个抽象的速度只存在于我们的想象中。

这个抽象的速度，我们能够理会，却不能从经验中得到。在一些我们能测量得到的速度中，可以有无限的中间速度存在。既然我们已经知道所测得的速度不精确，那么为什么又要用它？这不是在欺骗自己吗？

为了安抚我们低落的情绪及填补这个缺陷，需要一个理论上的精确的数目和一个容许计算到无限制的相近数的理论。顺应这个需要，人们就发现了微积分。

哈哈！微积分的发现是一件很有趣味的事。英国的牛顿（Newton）和德国的莱布尼茨差不多在同一时间发现了微积分，弄得英国人认为微积分是他们的恩赐，德国人也认为这是他们的礼物，各人自负着。其实呢，牛顿是从运动上研究出来的，而莱布尼茨却是从几何上出发，不过殊途同归罢了。这个原理的发现，真是功德无量。现在数学园地中的大部分建筑都用它当台柱，物理园地的飞黄腾达也全倚仗它。这个发现已有两百年了，它对于我们的科学思想着实有巨大的影响。就是说，假使微积分的原理还没有被发现，现在所谓文明，一定不是这样辉煌，这绝不是夸张的话！

二 速度

知识点提要

1. ______________________

2. ______________________

3. ______________________

典型例题

____

____

朋友，你留神过吗？当你舒舒服服地坐着，因为有什么事要走开的时候，你站起来后走的前几步一定比较慢，然后才渐渐地加快。将要到达日的地时，你又会慢起来的。自然这是一般的情形，赛跑就是例外。那些运动家在赛跑的时候，因为被奖品冲昏了头脑，就是已到了终点，还是玩命地跑。不过这时的终点，只是对“奖品到手”的一声叫喊。他们真要停住，总得慢跑几步，不然就得要人来搀扶，不然就只好跌倒在地上。这种行动的原则，简直是自然界的法则，不只是你我知道，你去看狗跑、看鸟飞、看鱼游。

还是说火车吧！一列火车初离站台的时候，行驶得多么平稳，多么缓慢，后来它的速度却渐渐快了起来，在长而直的轨道上奔驰。快要到站的时候，它的速度又渐渐减小了，后来才停止在站台边。记好这个速度变化的情况，假使经过两个半小时，火车一共走了 125 千米。要问这火车的速度是什么？你怎样回答呢？

我们看见了每一瞬间都在变化的速度，那在某路线上的一列车的速度，我们能说出来吗？能全凭旅行人的迟钝的测量回答吗？

再举一个例，然后来讲明速度的意义。

用一块平滑的木板，在上面挖一条光滑的长槽，槽边上刻好厘米、分米和米各种数目。把一个光滑的小球放在木槽的一端，让它自己向前滚出去，看着时表，注意这木球过 1 米、2 米、3 米的时间，假设正好是 1 秒、2 秒和 3 秒。

这木球的速度是什么呢？

在这种简单的情形中，这问题很容易回答：它的速度在 3 米的路上总是一样的，每秒钟 1 米。

在这种情形下，我们说这速度是一个常数。而这种运动，我们称它是“等速运动”。

一个人骑自行车在一条直路上走，若是等速运动，那么它的速度就是常数。我们测得他 8 秒钟共走了 40 米，这样，他的速度便是每秒钟 5 米。

关于等速运动，如这里所举出的球的运动、自行车的运动或其他相似的运动，要计算它们的速度，这比较容易。只要考察运动所经过的时间和通过的距离，用所得的时间去除所得的距离，就能够得出来。3 秒钟走 3 米，速度每秒钟 1 米；8 秒钟走 40 米，速度每秒钟 5 米。

再用我们的球来试速度不是常数的情形。

把球“掷”到槽上，也让它自己“就势”滚出去，我们可以看出，它越滚越慢，假设在 5 米的一端停止了，一共经过 10 秒钟。

这速度的变化是这样：前半段的速度比在半路的大，后半段的速度却渐渐减小了，到了终点便等于零。

我们来推究一下，这样的速度，是不是和等速运动一样是一个常数？

我们说，它 10 秒钟走过 5 米，倘若它是等速运动，那么它的速度就是每秒钟$\frac{5}{10}$或$\frac{1}{2}$米。但是，我们明明可以看出来，它不是等速运动，所以我们说每秒钟$\frac{1}{2}$米是它的“平均速度”。

实际上，这球的速度先是比每秒钟$\frac{1}{2}$米大，中间有一个时候和它相等，以后就比它小了。假如另外有个球，一直都用这个平均速度运动，它经过 10 秒钟，也是停止在 5 米的地方。

看过这种情形后，我们再来答复前面关于火车的速度的问题：“假使经过两个半小时，火车一共走了 125 千米，这火车的速度是什么？”

因为这火车不是等速运动，我们只能算出它的平均速度来。它两个半小时一共走了 125 千米，我们说，它在那条路上的平均速度是每小时$\frac{125}{\frac{5}{2}}$千米，就是每小时 50 千米。

我们来想象，当火车从车站开动的时候，同时有一辆汽车也开动，而且就是沿了那火车的轨道走，不过它的速度总不变，一直是每小时 50 千米。起初汽车在火车的前面，后来被火车追上来，到最后，它们却同时到达停车的站上。这就是说，它们都是两个半小时一共走了 125 千米，所以每小时 50 千米是汽车的真速度，而是火车的平均速度。

通常，若知道了一种运动的平均速度和它所经过的时间，我们就能够计算出它所通过的路程。那两个半小时一共走了 125 千米的火车，它有一个每小时 50 千米的平均速度。倘若它夜间开始走，从我们的时表上看去，一共走了 7 个小时，我们就可计算出它大约走了 350 千米。

但是这种说法，实在太粗疏了！只是给了一个总集的测量，忽略了它沿路的运动情形。那么，还有什么方法可以更好地知道那火车的真速度呢？

倘若我们再有一次新的火车旅行，我们能够从铁路旁边立着的电线杆上看出公里的数目，又能够从时表上看到火车所行走的时间。每走 1 千米所要的时间，我们都记下来，一直记到 125 次，我们就可以得出 125 个平均速度。这些平均速度自然全不相同，我们可以说，现在对于那火车的运动的认识是很详细了。由那些渐渐加大，又渐渐减小的 125 个不同的速度，在这一段行程中，火车的速度的变化的观念，我们大体是有了。

但是，这就够了吗？火车在每 1 千米中间，它是不是等速运动呢？倘若，我们能够回答一个“是”，那自然上面所得的结果就够了。可惜这个“是”字不好轻易就回答！我们既已知道火车全程不是等速运动，同时却又说，它在每 1 千米中是等速运动，这种运动的情形实在很难想象出来。两个速度不相等的等速运动，是没法直接相连的。所以我们不能不承认火车在每1千米内的速度也有不少的变化。这个变化，我们有没有方法去考查出来呢？

方法自然是有的，照前面的式样，比如说，将1千米分成1千段，假如我们又能够测出火车每走一小段的时间，那么就可得出它在1千米的行程中1千个不同的平均速度。这很好，对于火车的速度的变化，我们所得到的观念更清晰了。倘若能够将测量弄得更精密些，再将每一小段又分成若干个小小段，得出它们的平均速度来。段数分得越多，我们得出来的不同的平均速度也就跟着多起来。我们对于那火车的速度的变化的观念，也更加明了。路程的段落越分越小，时间的间隔也就越来越近，所得的结果也就越弄越精密。然而，无论怎样，所得出来的总是平均速度。而且，我们还是不要太高兴了，这种分段求平均速度的方法，若只空口说白话，我们固然无妨乐观一点儿，可尽量地连续想下去。至于实际要动起手来，那就有个限度了。

若想求物体转动或落下的速度，即如行星运转的速度，我们必须取出些距离——若那速度不是一个常数，就尽可能地取最小的——而注意它在各距离中经过的时间，因此得到一些平均速度。这一点必须注意，所得到的只是一些平均速度。

归根结底一句话，我们所有的科学实验或日常经验，都由一种连续而有规律的形式给我们一个有变化的运动的观念。我们不能够明明白白地辨认出比较大的速度或比较小的速度当中任何速度的变化。虽是这样，我们可以想象在任意两个相邻的速度中间，总有无数个中间速度存在着。

为了测量速度，我们把空间分割成一些有规则的小部分，而在每一小部分中，注意它所经过的时间，求出相应的“平均速度”，这是上面已说过的方法。空间的段落越小，得出来的平均速度越接近，也就越接近真实速度。但无论怎样，总不能完全达到真实的境界，因为我们的这种想法总是不连续的，而运动却是一个连续的量。

这种方法只能被应用到测量和计算上，它却不能讲明我们的直觉的论据。

我们用了计算“无限小”的方法所推证得的结果来调和这论据和实验的差别，这是非常困难的，但是这种困难在很久以前就很清楚了，即如大家都知道的芝诺（Zenon Eleates）和他著名的芝诺悖论（Zeno's paradox）。所谓“飞矢不动”，便是一个好例。既说那矢是飞的，怎么又说它不动呢？这个话，中国也有《庄子》上面讲到公孙龙那班人的辩术，就引“镞矢①之疾也，而有不行不止之时”这一条。不行不止，是怎样一回事呢？这比芝诺的话来得更玄妙了。从我们的理性去判断，这自然只是一种诡辩，但要找出芝诺的论证的错误，而将它推翻，却也不容易。芝诺利用这个矛盾的推论来否定运动的可能性，却没有怀疑他的推论方法究竟有没有错误。这却给了我们一个机缘，让我们去寻找新的推论方法，并且把一些新的概念弄得更精密。关于“飞矢不动”这个悖论可以这样说：

① 镞（zú）矢：一种轻疾而锋利的箭。

"飞矢是不动的。因为在它的行程上的每一刹那，它总占据着某一个固定的位置。所谓占据着一个固定的位置，那就是静止的了。但是一个一个的静止联结在一起，无论有多少个，它都只有一个静止的状态。所以说飞矢是不动的。"

在后面，关于这个从古至今打了不少笔墨官司的芝诺悖论的解释，我们还要重复说到。这里，只要注意这一点，芝诺的推论法，是把时间细细地分成了极小的间隔，使得他的反对派中的一些人推想到，这个悖论的奥妙就藏在运动的连续性里面。运动是连续的，我们从上例中早已明白了。但是，这个运动的连续性，芝诺在他无限地细分时间的间隔的当儿，却将它弄掉了。

连续性这东西，从前希腊人也知道。不过他们所说的连续性是直觉的，我们现在讲的却是由推论得来的连续性。对于解答"飞矢不动"这个悖论，显而易见，它是必要条件，但是单只有它并不充足。我们必须要精密地确定"极限"的意义，我们可以看出来，计算"无限小"的时候，就要使用到它。

照前几段的说法，似乎我们对于从前的希腊哲人，如芝诺之流，有些失敬了。然而，我们可以看出来，他们的悖论虽然不合于真理，但他们已经认识到直觉和推理中的矛盾！

怎样弥补这种缺憾呢？

找出一个实用的方法来，确保测量的精密性，使所得的结果更接近于真实，是不是就可以解决这样的问题呢？

这本来只是关于机械一方面的事，但以后我们就可以看出来，将来实际所得的结果即使可以超越现在的结果，根本的问题却还是解答不出来。无论研究方法多么完备，总是要和一串不连续的数连在一起，所以不能表示连续的变化。

真实的解答是要发明一种在理论上有可能性的计算方法，来表示一个连续的运动，能够在我们的理性上面，严密地讲明这连续性，和我们的精神所要求的一样。

三 函数和变数

知识点提要

1. ______________________________

2. ______________________________

3. ______________________________

典型例题

____

____

我想，先把“数”字的意思放宽一些，不必太认真，在这里既不是要算狗肉账，倒也没有什么大碍。这么一来，我可以告诉你，现在的社会中，“女子就是男子的函数”。但你不要误会，以为我是在说女子应当是男子的奴隶。奴隶不奴隶，这是另外的问题。我想说的只是女子的地位是随着男子的地位变的①。写到这里，忽然笔锋一转，记起一段笑话，一段戏文上的笑话。有一个穷书生，讨了一个有钱人家的女儿做老婆，因此，平日就以怕老婆出了名。后来，他的运道亨通了，进京朝考，居然一榜及第。他身上披起了蓝衫，许多人侍候着。回到家里，他一心以为这回可以向他的老婆复

① 作者指的是过去男尊女卑的社会现状。

仇了。哪知老婆见了他，仍然是神气活现的样子。他觉得这未免有些奇怪，便问："从前我穷，你向我摆架子，现在我做了官，为什么你还要摆架子呢？"

她的回答很妙："愧煞①你是一个读书人，还做了官，'水涨船高'你都不知道吗？"

你懂得"水涨船高"吗？船的位置的高低，是随着水的涨落变的。用数学上的话来说，船的位置就是水的涨落的函数。说女子是男子的函数，也就是同样的理由。在家从父，出嫁从夫，夫死从子，这已经有点儿像函数的样子了。如果还嫌粗略些，我们不妨再精细一点儿说。女子一生下来，父亲是知识阶层或官僚政客，她就是千金小姐；若父亲是挑粪、担水的，她就是丫头。这个地位一直到她嫁人以后才会发生改变。这时，改变也很大，嫁的是大官僚，她便是夫人；嫁的是小官僚，她便是太太；嫁的是教书匠，她便是师母；嫁的是生意人，她便是老板娘；嫁的是 x，她就是 y，y 总是随着 x 变的，自己无法作主。这种情形和"水涨船高"真是一样，所以我说，女子是男子的函数，y 是 x 的函数。

不过，这只是一个用来作比喻的例子，女子的地位虽然随了她所嫁的男子有夫人、太太、师母、老板娘、y……的不同，这只是命运，并非这些人彼此之间骨头真有轻重的差别，所以无法用数量来表示。说是函数，终究有些勉强，真要明了函数的意思，我们还是来正正经经地讲别的例子吧！

请你放一支燃着的蜡烛在隔你的嘴 1 米远的地方，倘若你向着那火焰吹一口气，这口气就会使那火焰歪开、闪动，说不定，因为

---

① 愧煞：很惭愧。

你的那一口气很大，直接将它吹灭了。倘若你没有吹灭——就是吹灭了也不要紧，重新点着好了。请你将那支蜡烛放到隔你的嘴 3 米远的地方，你照样再向着那火焰吹一口气，它虽然也会歪开、闪动，却没有前一次厉害了。你不要怕麻烦，这是科学上的所谓实验的态度。你无妨向着蜡烛走近，又退远开来，吹那火焰，看它歪开和闪动的情形。不用费什么事，你就可以证实隔那火焰越远，它歪开得越少。我们就说，火焰歪开的程度是蜡烛和嘴的距离的“函数”。

我们还能够决定这个“函数”的性质，我们称这种函数是“降函数”。当蜡烛和嘴的距离渐渐“加大”的时候，火焰歪开的程度（函数）却逐渐“减小”。

降函数，现行教材称为减函数。

现在，将蜡烛放在固定的位置，你也站好不要再走动，这样蜡烛和嘴的距离便是固定的了。你再来吹那火焰，随着你那一口气的强些或弱些，火焰歪开的程度也就大些或小些。这样看来，火焰歪开的程度，也是吹气的强度的函数。不过，这个函数又是另外一种，性质和前面的有点儿不同，我们称它是“升函数”。当吹气的强度渐渐“加大”的时候，火焰歪开的程度（函数）也逐渐“加大”。

升函数，现行教材称为增函数。

所以，一种现象可以不只是一种情景的函数，即火焰歪开的程度是吹气的强度的升函数，又是蜡烛和嘴的距离的降函数。在这里，有几点应当同时注意到：第一，火焰会歪开，是因为你在吹它；第二，歪开的程度有大小，是因为蜡烛和嘴的距离有远近，以及你吹的气有强弱。倘使你不去吹，它自然不会歪开。即使你去吹，蜡烛和嘴的距离，以及你吹的气的强弱，每次都是一样，那么，它歪开的程度也没有什么变化。所以函数是随着别的数而变的，别的数也得先会变才行。穷书生不会做官，他的老婆自然也就当不来太太。因为这样，这种自己变的数，我们称它为变量或变数。火焰歪开的程度，我们说它是倚靠着两个变数的一个函数。在日常生活中，我们也能找出这类函数来：你用一把锤子去敲钉子，那锤子施加到钉子上的力量，就是锤的重量和它敲下去的速度这两个变量的升函数；还有火炉喷出的热力，就是炉孔的面积的函数。因为炉孔加大，火炉喷出的热力就会渐渐减弱。至于其他的例子，你只要肯留意，随处可见。

你会感到奇怪了吧？数学是一门多么精密、深奥的学科，从这种日常生活中的事件，凭借一点儿简单的推理，怎么就能够扯到函数的数学的概念上去呢？由我们的常识的解说又如何发现函数的意义呢？我们再来讲一个比较细密的例子。

我们用一个可以测定它的变量的函数来做例子，就可以发现它的数学的意义。在锅里热着一锅水，放一只寒暑表在水里面，你注意去观察那寒暑表的水银柱。你守在锅子边，将看到那水银柱的高度一直是在变动的，经过的时间越长，它上升得越高。水银柱的高度，就是水温的函数。这就是说，水银柱的高度是随着水量和水温而变化的。所以倘若测得了所供给的热量，又测得了水量，你就能够求出它们的函数——水银柱的高来。

对于同量的水增加热量，或是同量的热减少水量，这时水银柱一定会上升得高些，这高度我们是有办法算出的。

由上面的例子看来，变数也好，函数也好，它们的值都是不断变动的。以后我们讲到的变数中，特别指出一个或几个来，叫它们是“独立变数”（或者，为了简便，就只叫它“变数”）。别的呢，就叫它们是“倚变数”，或是这些变数的函数。

倚变数，现行教材称因变数、因变量。

对于变数的每一个数值，它的函数都有一个相应的数值。若是我们知道了变数的数值，就可以决定它的函数的相应的数值时，我们就称这个函数为“已知函数”。即如前面的例子，倘若我们知道了物理学上供给热量对水所起的变化的法则，那么，水银柱的高度就是一个已知函数。

我们再来举一个非常简单的例子，还是回到等速运动上去。有一个小孩子，每分钟可以爬 5 米远，他所爬的距离就是所爬时间的函数。假如他爬的时间用 t 来表示，那么他爬的距离（用 d 来表示）便是 t 的函数。在初等代数上，你已经知道这个距离和时间的关系，可以用下面的式子来表示：

$$d=5t$$

若是仿照函数的表示法写出来，因为 d 是 t 的函数，所以又可以用 $F(t)$ 来代表 d，那就写成：

$$F(t) -5t$$

从这个式子中，我们若是知道了 t 的数值，它的函数 $F(t)$ 的相应的数值也就可以求出来了。比如，这个在地上爬的小孩子就是你的小弟弟，他是从你家大门口一直爬出去的，恰好你家对面 30 多米的地方有一条小河。你坐在家里，一个朋友从外面跑来说是看见你的弟弟正在向小河的方向爬去。他从看见你的弟弟到和你说话正好 3 分钟。那么，你一点儿不用慌张，你的小弟弟一定还不会掉到河里。因为你既知道了 t 的数值是 3，那么 $F(t)$ 相应的数值便是 5×3=15 米，距那条隔你家 30 多米远的河还远着呢！

以下要讲到的函数，我们在这里来说明而且规定它的一个重要性质，就叫作函数的“连续性”。

在上面所举的函数的例子中，那函数都受着变数的连续的变化的支配，跟着从一个数值变到另一个数值，也是“连续的”。在两头的数值当中，它经过了那里面的所有中间数值。比如，水的温度连续地升高，水银柱的高也连续地从最初的高度，经过所有中间的高度，达到最后一步。

你试取两桶温度相差不多的水，例如，甲桶的水温是 30℃，乙桶的是 32℃，各放一只寒暑表在里面，水银柱的高前者是 15 厘米，后者是 16 厘米。这是很容易看出来的，对于 2℃温度的差（这是变数），相应的水银柱的高（函数）的差是 1 厘米。设若你将乙桶的水凉到 31.6℃，那么，这只寒暑表的水银柱的高是 15.8 厘米，而水银柱的高的差就变成 0.8 厘米了。

这件事情是很明白的：乙桶水从 32℃降到 31.6℃，中间所有的温度的差，相应的两只寒暑表的水银柱的高的差，是在 1 厘米和 0.8 厘米之间。

这话也可以反过来说，我们能够得到两只寒暑表的水银柱的高的差（也是随我们要怎样小都可以，比如是 0.4 厘米）相应到某个固定温度的差（比如 0.8℃）。但是，如果无论我们怎样弄，永远不能使那两桶水的温差小于 0.8℃，那么两只寒暑表的水银柱的高的差也就永远不会小于 0.4 厘米了。

最后，若是两桶水的温度相等，那么水银柱的高也一样。假设这温度是 31℃，相应的水银柱的高便是 15.5 厘米。我们必须要把甲桶水加热到 31℃，而把乙桶水凉到 31℃，这时两只寒暑表的水银柱一个是上升，一个却是下降，结果都到了 15.5 厘米的高度。

推到一般的情形去，我们考察一个“连续”函数的时候，可以证实下面的性质：当变数接近一个定值的时候，或者说得更好一点，“伸张到”一个定值的时候，那函数也“伸张”，经过一些中间值，“达到”一个相应的值，而且总是达到这个相同的值。不但这样，它要达到这个值，那变数也就必须达到它的相应的值。还有，当变数保持着一定的值时，函数也保持着那相应的一定的值。

这种说法就是“连续函数”的精密的数学定义。由物理学的研究，我们证明了这个定义对于物理的函数是正相符合的。尤其是运动，它表明了连续函数的性质：运动所经过的空间，它是一个时间的函数，只有冲击和反击的现象是例外。再说回去，我们由实测不能得到的运动的连续，我们的直觉却有力量使我们感受到它。多么光荣呀，我们的直觉能结出这般丰盛的果实！

四 无限小的变数——诱导函数

知识点提要

1. ______________________

2. ______________________

3. ______________________

典型例题

____

____

现在还是来说关于运动的现象。有一条大路或是一条小槽，在那条路上有一个轮子正转动着，或是在这小槽里有一个小球正在滚动着。倘若我们想找出它们运动的法则，并且要计算出它们在进行中的速度，比前面的还要精密的方法，究竟有没有呢？

将就以前说过的例子，本来也可以再讨论下去，不过为着简便起见，我们无妨将那个例子的特殊情形归纳为一般的情况。用一条线表示路径，用一些点来表示在这路上运动的东西。这么一来，我们所要研究的问题，就变成一个点在一条线上的运动的法则和这个点在进行中的速度了。

索性更简单些，就用一条直线来表示路径：这条直线从 O 点起，无限地向着箭头所指示的方向延伸出去。

这里的直线，改为射线较精准。本章其余类似处作同样理解。

在这条直线上，依着同一方向，有一点 P 连续地运动，它运动的起点也就是 O 点。对于这个不停运动的 P 点，我们能够求出它在那直线上的位置吗？是的，只要我们知道在每个时间 t，这个运动着的 P 点间隔 O 点多远，那么，它的位置也就能确定了。

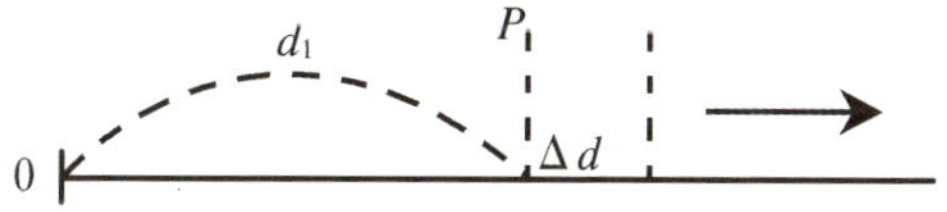

图 4－1

和之前的例子一样，连续运动在空间的路径是时间的一个连续函数。

先假定这个函数是已经知道的，不过这并不能解决我们所要讨论的问题。我们还不知道在这运动当中，P 点的速度究竟是怎样，也不知道这速度有什么变化。经过我这么一提醒，你将要失望了，将要皱眉头了，是不是？

且慢，不用着急，我们请出一件法宝来，这些问题就迎刃而解了！这是一件什么法宝呢？以后你就知道了，先只说它的名字叫作“诱导函数法”。它真是一件法宝，它便是数学园地当中，挂有“微分法”这个匾额的那座亭台的基石。“运动”本来不过是从时间和空间的关系的变化出来的。不是吗？你倘若老是把眼睛闭着，尽管你心里只是不耐烦，觉得时间真难熬，有度日如年之感，但是一只花蝴蝶在你的面前蹁跹①地飞着，上下左右地回旋，你哪会知道它在这么有兴致地动呢？原来，你闭了眼睛，你面前的空间有怎样的变化，你真是茫然了。同样地，尽管空间有变化，但你根本就没有时间感觉，你也没有办法理解“运动”是怎么一回事！

倘若对于测得的时间 t 的每一个数，或者说得更好一些，对于时间 t 的每一个数值，我们都能够计算出距离 d 的数值来，这就是某种情形当中的时间和空间的关系的变化已经被我们知晓。那运动的法则，我们自然而然也就知道了！我们就说：

距离是时间的已知函数，简便一些，我们说 d 是 t 的已知函数，或者写成 $d=f(t)$。

对于你的小弟弟在大门外地上爬的例子，这个公式就变成了 $d=5t$。另外，随便举个例子，比如 $d=3t+5$，这时就有了两个不同的运动法则。假如时间用分钟计算，距离用米计算。在第一个式子中，若时间 t 是 10 分钟，那么距离 d 就得 50 米。但在第二个式子中，$d=3t+5$ 所表示的是运动的法则，10 分钟的结尾，那距离却是 $d=3\times10+5$，便是距出发点 35 米。

来说计算速度的话吧！先须得注意，和以前说过的一样，要能计算无限小的变动的速度，换句话说，就是要计算任何刹那的速度。

为了表示一个数值是很小的，小得与众不同，我们就在它的前面写一个希腊字母 Δ（音“德尔塔”），所以 Δt 就表示一个极小极

① 蹁跹（pián xiān）：形容旋转的舞姿。

小的时间间隔。在这个时间当中，一个运动的东西所经过的路程自然很短很短，我们就用 Δd 表示。

现在我问你，那 P 点在时间 Δt 的间隔中，它的平均速度是什么？你没有忘掉吧！运动的平均速度等于这运动所经过的时间去除它所经过的距离。所以这里，你可以这样回答我：

$$\text{平均速度 } v - \frac{\Delta d}{\Delta t}$$

这个回答一点儿没错，虽然现在的时间间隔和空间距离都很小很小，但要求这个很小的时间当中运动的平均速度，还是只有这么一个老法子。

平均速度！平均速度！这平均速度，一开始不是就和它纠缠不清吗？不是觉得对于真实的运动情形，无论怎样都表示不出来吗？那么，在这里我们为什么还要说到它呢？不过，因为时间和空间所取的数值都很小的缘故，所以这里所说的平均速度很有用。要得出真实的速度而非平均的，要那运动只是一刹那间的，而非延续在一个时间间隔当中，我们只需把 Δt 无限制地减小下去就行了。

我们先记好了前面已经说过的连续函数的性质，因为在一刹那 t，运动的距离是 d，在和 t 非常相近的时间，我们用 $t+\Delta t$ 来表示，那么，相应地就有一个距离 $d+\Delta d$ 和 d 也就非常相近。并且 Δt 越减小，Δd 也跟着越小。

这样一来，我们所测定的时间，当它的数目非常小，差不多和 0 相近的时候，会得出什么结果呢？换句话说，就是时间 t 近于 0 的时候，这个$\dfrac{\Delta d}{\Delta t}$的比却变得很微小。因为前项 Δd 和后项 Δt 虽在变动，但它们的比却差不多一样。

对于平均速度$\frac{\Delta d}{\Delta t}$，因为 Δt 同 Δd 无限减小，最终就会达到一个和定值 V 相差几乎是 0 的地步。关于这种情形，我们就说：

“当 Δt 和 Δd 近于 0 的时候，v 是$\frac{\Delta d}{\Delta t}$的比的极限（limit）。”

$\frac{\Delta d}{\Delta t}$既是平均速度，它的极限 V 就是在时间的间隔和相应的空间，都近于 0 的时候，平均速度的极限。

结果，V 便是在一刹那 t 动点的速度。将上面的话联合起来，可以写成：$v=\lim\limits_{\Delta t\to 0}\frac{\Delta d}{\Delta t}$（$\Delta t\to 0$ 表示 Δt 近于 0 的意思）

找寻$\frac{\Delta d}{\Delta t}$的极限值的计算方法，我们就叫它诱导函数法。极限值 V 也有一个不大顺口的名字，叫作“空间 d 对于时间 t 的**诱导函数**”。

诱导函数，现行教材称为导数。

有了这个名字，我们说起速度来就便当了。什么是速度[①]？它就是“空间对于一瞬的时间的诱导函数”。

我们又可以回到芝诺的“飞矢不动”的悖论上去了。对于他的错误，在这里还能够加以说明。芝诺所用来解释他的悖论的方法，无论多么巧妙，横在我们眼前的事实，总是让我们不能相信飞矢是不动的。你总看过变戏法吧？你明知道，那些使你看了吃惊到目瞪

① 这里的速度指的是瞬间速度。

口呆的玩意儿都是假的，但你总找不出它们的漏洞来。我们若没有充足的论据来攻破芝诺的推论，那么，对于他这巧妙的悖论，也只好抱着看戏法时所有的吃惊的心情了。

现在，我们再用一种工具来攻打芝诺的推论。

古代的人并不比我们笨，速度的意义他们也懂得的，只可惜他们还有不如我们的地方，那就是关于无限小的量的观念一点儿没有。他们以为“无限小”就是等于0，并没有什么特别。因为这个缘故，他们吃了不少亏，像芝诺那般了不起的人物，在他的推论法中，这个当上得更厉害。

不是吗？芝诺这样说，“在每一刹那，那矢是静止的”。我们无妨问问自己，他的话真的正确吗？在每一刹那那矢的位置是静止的，和一个静止的东西一样吗？

再举个例来说，假如有两支同样的矢，其中一支是用了比另一支快1倍的速度飞动。在它们正飞着的空隙，照芝诺想来，每一刹那它们都是静止的，而且无论飞得快的一支或是慢的一支，两支矢的“静止情形”也没有一点儿区别。

在芝诺的脑子里，快的一支和慢的一支的速度，无论在哪一刹那都等于零。

但是，我们已经看明白了，要想求出一个速度的精准值，必须要用到“无限小”的量，以及它们的相互关系。上面已经讲过，这种关系是可以有一个一定的极限的。而这个极限呢，又恰巧可以表示出我们所设想的一刹那时间的速度。

所以，在我们的脑海里，和芝诺就有点儿不同了！那两支矢在一刹那的时间，它们的速度并不等于零：每支都保持各自的速度，在同一刹那的时间，快的一支的速度总比慢的一支的速度大 1 倍。

把芝诺的思想用我们的话来说，得出这样一个结论：他推证出来的好像是两个无限小的量，它们的关系必须等于零。对于无限小的时间，照他想来，那相应的距离总是零，这你会觉得有点儿可笑了，是不是？但这也不能全怪芝诺，在他活着的时候，什么极限呀、无限小呀，这些观念都还没有规定清楚呢。速度这东西，我们把它当作距离和时间的一种关系，所以在我们看来，那飞矢总是动的。说得明白点儿，就是：在每一刹那，它总保持一个并不等于零的速度。

好了！关于芝诺的话，就此停止吧！我们来说点儿别的吧！

你学过初等数学，是不是？你还没有全忘掉吧！在这里，举一个计算诱导函数的例子怎么样？先选一个极简单的运动法则，好，就用你的弟弟在大门外爬的那一个例子：

$$d=5t \tag{1}$$

无论在哪一刹那 t，最后他所爬的距离总是：

$$d_1=5t_1 \tag{2}$$

我们就来计算你的弟弟在地上爬时，这一刹那的速度，就是找空间 d 对于时间 t 的诱导函数。设若有一个极小极小的时间间隔 Δt，就是说刚好接连着 t_1 的一刹那 $t_1+\Delta t$，在这时候，那运动着的点，经过了空间 Δd，它的距离就应当是：

$$d_1+\Delta d=5(t_1+\Delta t) \tag{3}$$

这个小小的距离 Δd，我们要用来做成这个比 $\frac{\Delta d}{\Delta t}$ 的，所以我们可以先把它找出来。从（3）式的两边减去 d_1 便得：

$$\Delta d = 5(t_1 + \Delta t) - d_1 \qquad (4)$$

但是（2）式告诉我们说 $d_1 = 5t_1$，将这个关系代进去，我们就可以得到：

$$\Delta d = 5(t_1 + \Delta t) - 5t_1$$

在时间 Δt 当中的平均速度，前面说过是 $\frac{\Delta d}{\Delta t}$，我们要找出这个比等于什么，只需将 Δt 除前一个式子的两边就好了。所以：

$$\frac{\Delta d}{\Delta t} = \frac{5(t_1 + \Delta t) - 5t_1}{\Delta t} = \frac{5t_1 + 5\Delta t - 5t_1}{\Delta t}$$

化简便是：

$$\frac{\Delta d}{\Delta t} = \frac{5\Delta t}{\Delta t} = 5$$

从这个例子看来 $\frac{\Delta d}{\Delta t}$，无论 Δt 怎样减小，总是一个常数。因此，即使我们将 Δt 的值尽量地减小，到了简直要等于零的地步，那速度 v 的值，在 t_1 这一刹那，也是等于 5，也就是诱导函数等于 5，所以：

$$v = \lim_{\Delta t \to 0} \frac{\Delta d}{\Delta t} = 5$$

这个式了表明无论在哪一刹那，速度都是一样的，都等于 5。速度既然保持着一个常数，那么这运动便是等速的了。

不过，这个例子是非常简单的，所以要求出它的结果也非常容易。至于一般的例子，那就往往很麻烦，做起来并不像这般轻巧。

就现实的情形说，$d = 5t$ 这个运动法则，明明指出运动所经过的路程（比如用米做单位）总是运动所经过的时间（比如用分钟做单位）的 5 倍。1 分钟你的弟弟在地上爬 5 米，2 分钟便爬了 10 米，所以，他的速度总是等于每分钟 5 米。

再另外举一个简单的运动法则来做例，不过它的计算却没有前一个例子简便。假如有一种运动，它的法则是：

$$e=t^2 \tag{1}$$

依照这个法则，时间用秒做单位，空间用米做单位。那么，在 2 秒钟的结尾，它所经过的空间应当是 4 米；在 3 秒钟的结尾，应当是 9 米……照样推下去，米的数目总是秒数的平方。所以在 10 秒钟的结尾，所经过的空间便是 100 米。

还是用空间对于时间的诱导函数来计算这运动的速度吧！

为了找出诱导函数，在时间 t 的任一刹那，设想这时间增加了很小一点 Δt。在这 Δt 很小的一刹那当中，运动所经过的距离 e 也加上很小的一点儿 Δe。从（1）式我们可以得出：

$$e+\Delta e=(t+\Delta t)^2 \tag{2}$$

现在，我们就可以从这个式子中求出 Δe 和时间 t 的关系了。在（2）式里面，两边都减去 e，便得：

$$\Delta e=(t+\Delta t)^2-e$$

因为 $e=t^2$，将这个值代进去：

$$\Delta e=(t+\Delta t)^2-t^2 \tag{3}$$

到了这里，我们将式子的右边简化。这第一步就非将括号去掉不可。朋友！你也许忘掉了吧？我问你，$(t+\Delta t)^2$ 去掉括号应当等于什么？想不上来吗？我告诉你，它应当是：

$$t^2+2t\times\Delta t+(\Delta t)^2$$

所以，（3）式又可以照下面的样子写：

$$\Delta e = t^2 + 2t \times \Delta t + (\Delta t)^2 - t^2$$

式子的右边有两个 t^2，一个正一个负恰好消去，式子也更简单些，即

$$\Delta e = 2t \times \Delta t + (\Delta t)^2 \tag{4}$$

接着就来找平均速度$\frac{\Delta e}{\Delta t}$，应当将 Δt 去除（4）式的两边：

$$\frac{\Delta e}{\Delta t} = \frac{2t \times \Delta t}{\Delta t} + \frac{(\Delta t)^2}{\Delta t} \tag{5}$$

现在再把（5）式右边的两项中分子和分母的公因数 Δt 抵消，只剩下：

$$\frac{\Delta e}{\Delta t} = 2t + \Delta t \tag{6}$$

倘若我们所取的 Δt 真是小得难以形容，简直几乎就和零一样，这就可以得出平均速度的极限：

$$\lim_{\Delta t \to 0} \frac{\Delta e}{\Delta t} = 2t + 0$$

于是，我们就知道在 t 刹那时，速度 v 和时间 t 的关系是：

$$v = 2t$$

把这个结果和前一个例子的结果比较一下，你总可以看出它们俩有些不一样吧！最明显的，就是前一个例子的 v 总是 5，和 t 没有一点儿关系。这里却没有那么简单，速度总是时间 t 的 2 倍。所以恰在第一秒的间隔，速度是 2 米；但恰在第二秒的一刹那，却是 4 米了。这样推下去，每一刹那的速度都不同，所以这种运动不是等速的。

五 诱导函数的几何表示法

知识点提要

1. ____________________

2. ____________________

3. ____________________

典型例题

____

____

“无限小”的计算法，真可以算是一件法宝，你在数学的园地中走来走去，差不多都可以看见它。

在几何的院落里，更可以看出它有多么玲珑。老实说，几何的院落现在如此繁荣、美丽，受了它不少的恩赐。牛顿发现了它，莱布尼茨也发现了它。但是他们俩并没有打过招呼，所以他们走的路也不同。莱布尼茨是在几何的院落里玩得兴致很浓，想在那里面加上一些点缀，为了要解决一个极有趣味的问题时，才发现了“无限小”这法宝，而且最大限度地发挥了它的作用。

在几何中，“切线”这个名词，你不知碰见过多少次了吧？所谓切线，照通常的说法，就是和一条曲线除了一点相挨着，再也不会有其他地方和它相碰的那样一条直线。莱布尼茨在几何的园地中，津津有味地要解决的问题就是：在任意一条曲线上的随便一点，要引一条切线的方法。有些曲线，比如圆或椭圆，在它们的上面随便一点，要引一条切线，学过几何的人都知道这个方法。但是对于别的曲线，依了样却不能将那葫芦画出来。究竟一般的方法是怎样的呢？在几何的院落里，曾有许多人想找到打开这道门的锁匙①，但都被它逃走了！

和莱布尼茨同时游赏数学的园地，而且在里面加上一些建筑或装饰的人，曾经找到过一条适当而且开阔的路去探寻各种曲线的奥秘：笛卡儿就在代数和几何两座院落当中筑了一条通路，这便是挂着“解析几何”这块牌子的那些地方。

根据解析几何的方法，数学的关系可用几何的图形表示出来，而一条曲线也可以用等式的形式去记录它。这个方法真有点儿神奇，是不是？但是追根究底，到了现在却非常简单，我们看着简直是非常平淡无奇了。然而，这条道路若不是像笛卡儿那样有才能的人是建筑不起来的！

要说明这个方法的用场，我们也先来举一个简单的例子。

你取一张白色的纸钉在桌面上，并且预备好一把尺子、一块三角板、一支铅笔和一块橡皮。你用你的铅笔在那纸上画一个小黑点，马上用橡皮将它擦去。你有什么方法能够将那个黑点的位置再找出来吗？你真将它擦到一点儿痕迹都不留，无论如何你再也没法将它找回来了。所以在一张纸上，要定一个点

① 锁匙，即如今的钥匙。

的位置，这个方法非常重要。

要定出一个点在纸上的位置的方法，实在不止一个，还是选一个容易明白的吧。你用三角板和铅笔，在纸上画一条水平线 OH 和一条垂直线 OV。假如 P 是那位置应当确定的点，你由 P 引两条直线，一条水平的和一条垂直的（图中的虚线），这两条直线和前面画的两条，比如说相交在 a 点和 b 点，你就用尺子去量 Oa 和 Ob。

设若量出来，$Oa=3$ 厘米，$Ob=4$ 厘米。

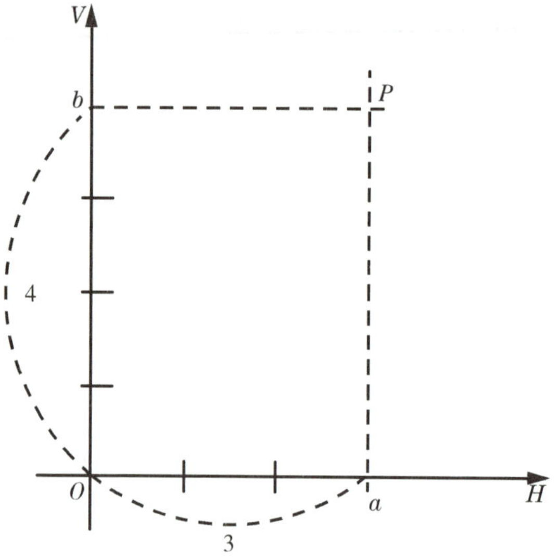

图 5－1

现行教材中，坐标系上的点用大写字母表示。

现在你把所画的 P 点和那两条虚线都用橡皮擦去，只留下用作标准的两条直线 OH 和 OV，这样你只需注意到 Oa 和 Ob 距离。P 点就可以很容易地再找出来。实际就是这样作法：从 O 点起在水平线 OH 上量出 3 厘米的一点 a，还是从 O 点起，在垂直线 OV 上量出 4 厘米的一点 b。跟着，从 a 画一条垂直线，又从 b 画一条水平线。你是已经知道的，这两条线会相碰，这相碰的一点，便是你所要找的 P 点。

这个方法是比较简便的，但并不是独一无二的方法。这里用到的是两个数，一个垂直距离和一个水平距离。但如果另外选两个适当的数，也可以把平面上一点的位置确定，不过别的方法都没有这个方法浅近易懂。

你在平面几何上曾经读过一条定理：不平行的两条直线若不是全相重合就只能有一个交点，你总还记得吧！就因为这个，我们用一条垂直线和一条水平线，所能决定的点只有一个。依照同样的方法，用距 O 点不同的垂直线和水平线便可决定许多位置不同的点。你不相信吗？那就用你的三角板和铅笔，胡乱画几条垂直线和水平线来看看。

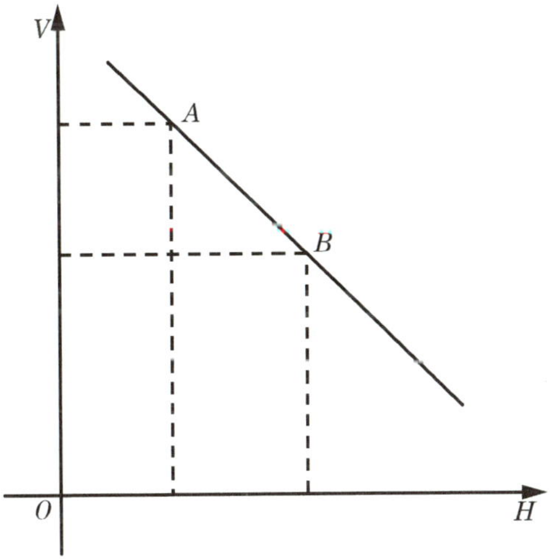

图 5－2

请你再回忆起平面几何上的一条定理，那就是通过两个定点一定能够画一条直线，而且只能够画一条。所以，倘若你先在纸上画一条直线，只任意留下了两点，便将整条线擦去，你若要再找出原来的那条直线，只需用你的尺子和铅笔将所留的两点连起来就成了。你试试看，前后两条直线的位置有什么不同的地方没有？

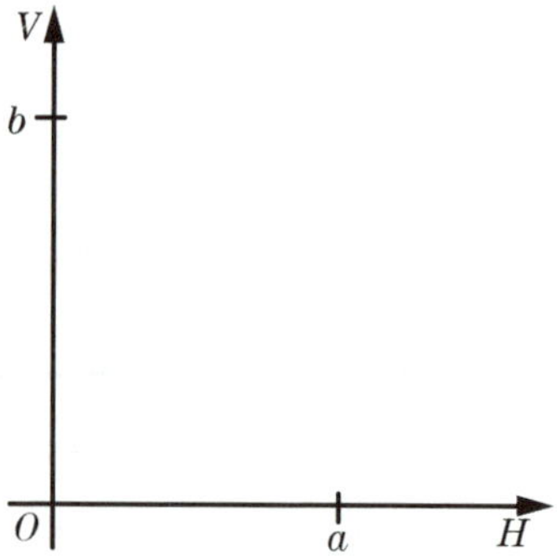

图 5 - 3

前面说的只是点的位置，现在，我们更进一步来研究任意一条曲线或是 BC 弧，我们也能够将它表示出来吗？

为了方便起见，我和你先约定好：在水平线上从 O 起量出的距离用 x 表示，在垂直线上从 O 起量出的距离用 y 表示。这么一来，设若那条曲线上有一点 P，从 P 向 OH 和 OV 各画一条垂线，那么，无论 P 点在曲线上的什么地方，x 和 y 都各有一个相应于这 P 点的位置的值。

在曲线 BC 上，设想有一点 P，从 P 向 OH 画一条垂线 Pa，设若它和 OH 交于 a 点；又从 P 向 OV 也画一条垂线 Pb，设若它和 OV 交于 b 点，Oa 和 Ob 便是 x 和 y 相应于 P 点的值。你试在 BC 上另外取一点 Q，依照这方法做起来，就可以看出 x 和 y 的值不再是 Oa 和 Ob 了。

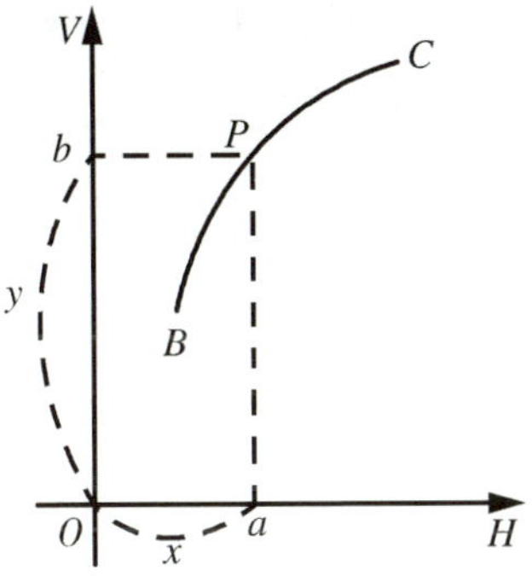

图 5－4

接连在曲线 BC 上面取一串的点，比如说是 P_1，P_2，P_3，…从各点向 OH 和 OV 都画垂线，这就得出相应于 P_1，P_2，P_3，…这些点的位置的 x 和 y 的值——x_1，x_2，x_3，…和 y_1，y_2，y_3——x 的一串值 x_1，x_2，x_3，…都和 y 的一串值 y_1，y_2，y_3，…中的一个相应。这些是你从图上一眼就能看明白的。

倘若已将 x 和 y 的各自的一串值都画出，曲线 BC 的位置大体也就决定了。所以，实际上，你若把 P_1，P_2，P_3，…这一串点留着，而将曲线 BC 擦去，和前面画直线一样，你就有方法能再把它找出来。因为 x 的每一个值都相应于 y 的一串值中的一个，所以要决定曲线上的一点，我们就在 OH 上从 O 取一段等于 x 的值，又在 OV 上从 O 起取一段等于相应于它的 y 的值！那么，这一点就和前面讲过的例子一样，完全可以决定。跟着，用同样的方法，将 x 的一串值和 y 的一串值都画出来，P_1，P_2，P_3，…这一串的点也就确定了，同样也可以将曲线 BC 画出来。

不过，这却要小心，前面我们说过，有了两点就可以画出一条直线。在平面几何上你还学过一条定理，不在一条直线上的三点就可以画出一个圆周。但是一般的曲线，要有多少点才能把它画出来，那是谁也回答不上来的问题，不是吗？曲线是弯来弯去的，没有画出来的时候，谁能完全明白它是怎样的弯法呢！所以，在实际的操作中，真要由许多点来画出一条曲线，必须要画出很多互相挨得很近的点，才可以大体画出那条曲线。并且这还需注意，无论怎样，倘若没有别的方法加以证明，你这样画出的曲线总只是一条相近的曲线。

话说回来，以前讲过的数学的函数的定义，把它来和这里所说的表示 x 和 y 的一串值的方法对照一番，真是有趣极了！我们既说每一个 x 的值，都相应于 y 的一串值中的一个，那好，我们不是也就可以干干脆脆地说 y 是 x 的函数吗？要是掉转枪口，我们就可以说 x 是 y 的函数。从这一点看起来，有些函数是可以用几何的方法表示的。

比如：y 是 x 的函数，用几何的方法来表示就是这样：有一条曲线 BC，设若 x 等于 Oa，我们实际上就可知道相应于它的 y 的值是 Ob。

所以从解析数学上看来，一个数学的函数是代表一条曲线的。但掉过头从几何上看来，一条曲线就表示一个数学的函数。两边简直是合则双美的玩意儿。

要反过来说，也是非常容易的。假如有一个数学的函数：

$$y=f(x)$$

我们可以给这函数一个几何的说明。

还是先画两条互相垂直的线段 OH 和 OV，在水平线 OH 上面，

我们取出 x 的一串值；而在垂直线 OV 上面，我们取出 y 的一串值。从各点都画 OH 或 OV 的垂线，从 x 和 y 的两两相应的值所画出的两垂线都有一个交点。这些点总集起来就画出了一条曲线，这条曲线就表示出了我们的函数。

举一个非常简单的例吧！设若那已知的函数是：$y=x$，表示它的曲线是什么？

先随便选一个 x 的值，例如 $x=2$，那么相应于它的 y 的值也是 2，所以相应于这一对值的曲线上的一点，就是从 $x=2$ 和 $y=2$ 这两点画出的两条垂线的交点。同样，由 $x=3$，$x=4$，……我们就得出 $y=3$，$y=4$，……，并且得出一串相应的点。联结这些点，就是我们要找的表示我们的函数的曲线（见图 5－5）。

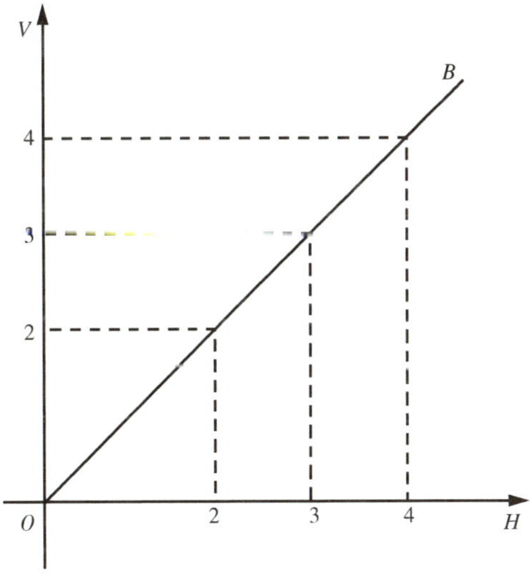

图 5－5

我想，倘若你要挑剔的话，一定捉到了一个漏洞！不是吗？图上画出的明明是一条直线，为什么在前面我们却亲切地叫它是曲线呢？但是，朋友！一个人终归能力有限，写说明的时候，那图的影儿还不曾有一点，哪儿会知道它是一条直线呀！若是画出图来是一条直线，便返回去将说明改过，现在看来，好像我是“未卜先知”了，成什么话呢？

我们说是曲线的变成了直线，这只是特别的情形，说到特别，朋友！我告诉你，接下来要举的例子，真是特别得很，它不但是直线，而且和水平线 OH 以及垂直线 OV 所成的角还是相等的，恰好 45°，就好像你把一张正方形的纸对角折出来的那条折痕一般。

原来是要讲切线的，话却越说越远了，现在回到本题上面来吧。为了确定切线的意义，先设想一条曲线 C，在这曲线上取一点 P，接着过 P 点引一条割线 AB 和曲线 C 又在 P' 点相交。

请你将 P' 点慢慢地在曲线上向着 P 点这边移过来，你可以看出，当你移动 P' 点的时候，AB 的位置也跟着变了。它绕着固定的 P 点，依着箭头所指的方向慢慢地转动。到了 P' 点和 P 点碰在一起的时候，这条直线 AB 更不再割断曲线 C，只和它在 P 相交了。换句话说，就是在这个时候，直线 AB 变成了曲线 C 的切线。

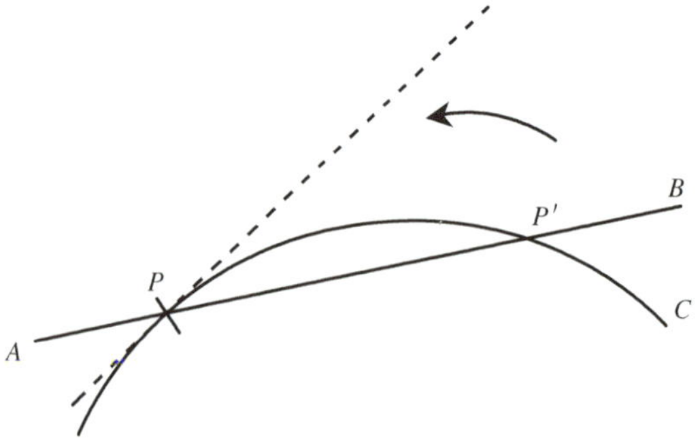

图 5 - 6

再用到我们的水平 OH 和垂直线 OV。

设若曲线 C 表示一个函数。我们若是能够算出切线 AB 和水平线 OH 所夹的角，或是说 AB 对于 OH 的**倾斜率**，以及 P 点在曲线 C 上的位置。那么，过 P 点就可以将 AB 画出了。

倾斜率，现行教材称斜率。

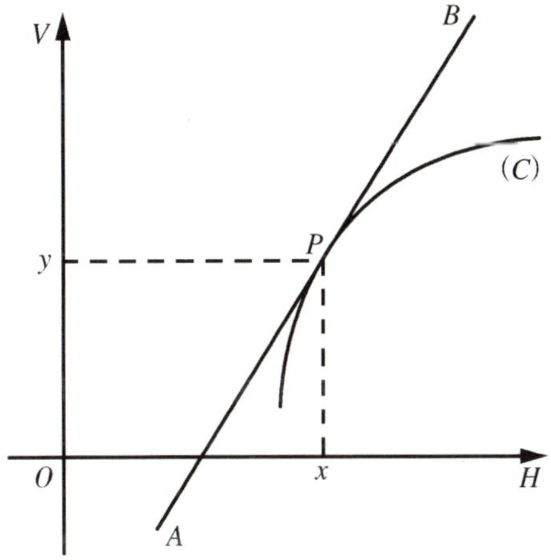

图 5－7

呵，了不起！这么一来，我们又碰到难题目了！

怎样可以算出 AB 对于 OH 的倾斜率呢？

朋友，不要慌！你去问造房子的木匠！你去问他，怎样可以算出一座楼梯对于地面的倾斜率？

你一时找不着木匠去问吧！那么，我告诉你一个法子，你自己去做。

你拿一根长竹竿，到一堵矮墙前面去。比如那矮墙的高是 2 米，你将竹竿斜靠在墙上，竹竿落地的这一头恰好距墙脚 4 米。

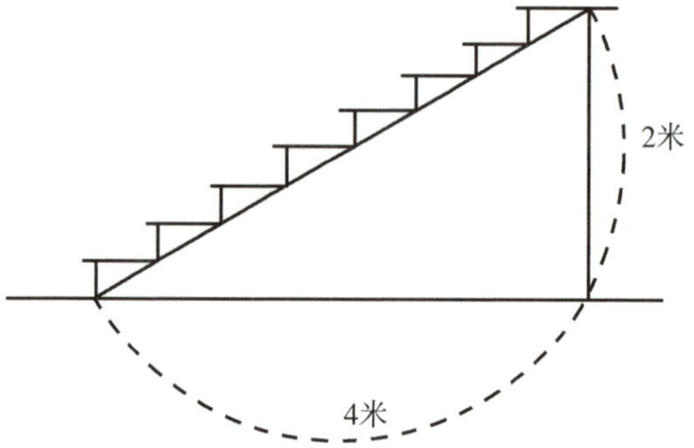

图 5－8

这回你已经知道竹竿靠着墙的一点离地的高和落地的一点距墙脚的距离，它们的比恰好是：$\frac{2}{4}=\frac{1}{2}$。

这个比值就决定了竹竿对于地面的倾斜率。

假如你将竹竿靠到墙上的时候，落地的一头距墙脚 2 米，就是说恰好和靠着墙的一点离地的高相等。那么它们俩的比便是：$\frac{2}{2}=1$。

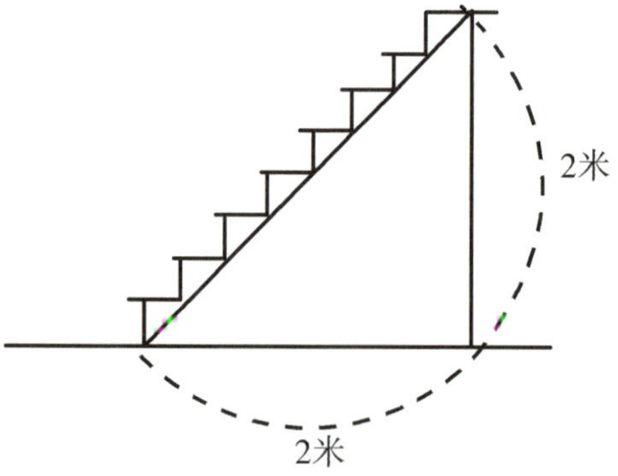

图 5－9

你应该已经看出来了，这一次竹竿对于地面的倾斜度比前一次陡。

假如我们要想得出一个$\frac{1}{4}$的倾斜率，竹竿落地的一头应当距墙脚多远呢？

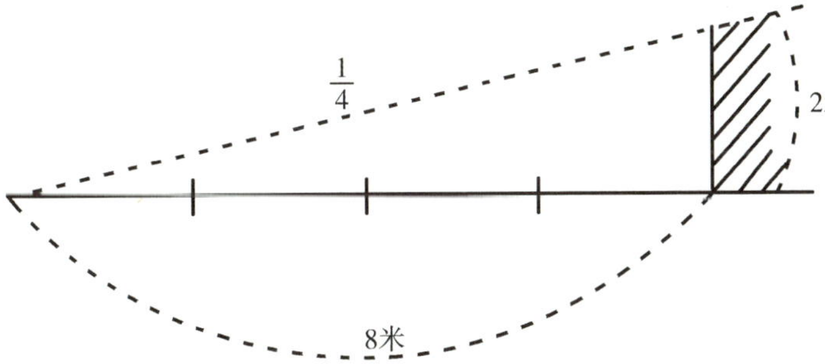

图 5－10

只要使这个距离等于那墙高的 4 倍就行了。倘若你将竹竿落地的一头放在距墙脚 8 米远的地方，那么，$\frac{2}{8}=\frac{1}{4}$恰好是我们所想求的倾斜率（见图 5－10）。

总括起来，简单地说，要想算出倾斜率，只需知道“高”和“远”的比。

快可以得出一个结论了，让我们先把所有要用来解答这个切线问题的材料集拢起来吧。第一，作一条水平线 OH 和一条垂直线 OV；第二，画出我们的曲线；第三，过定点 P 和另外一点 P'画一条直线，将曲线切断，就是说过 P 和 P'画一条割线。

先不要忘了我们的曲线 C 是用下面一个已知函数表示的：

$$y=f(x)$$

设若相应于 P 点的 x 和 y 的值是 x 和 y，相应于 P' 点的 x 和 y 的值是 x' 和 y'。从 P 画一条水平线和从 P' 所画的垂直线相交于 B 点。我们先来决定割线 PP' 对于水平线 PB 的倾斜率。

这个倾斜率和我们刚才说过的一样，是用“高”$P'B$ 和“远”PB 的比来表示的，所以我们得出下面的式子：

$$PP'\text{的倾斜率}=\frac{P'B}{PB}$$

到了这一步很清楚，我们所要解决的问题是：

“用来表示倾斜率的比，能不能由曲线函数的帮助来计算呢？”

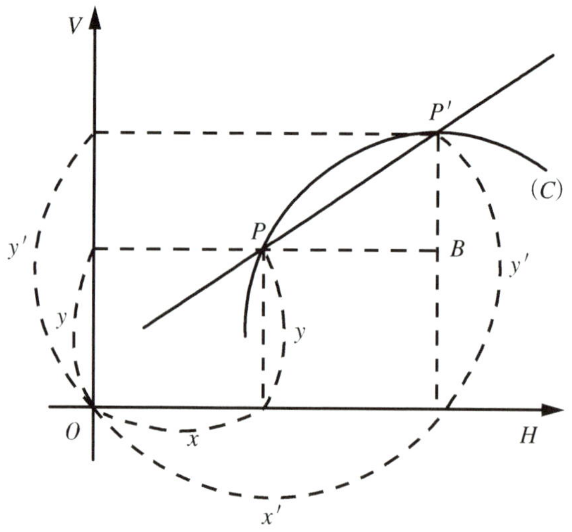

图 5－11

看着图来说话吧。由上图我们可以很容易地看出来，水平线

PB 等于 x'和 x 的差，而“高度”$P'B$ 等于 y'和 y 的差。将这相等的值代进前面的式子里面去，我们就得出：

$$割线的倾斜率\ k=\frac{y'-y}{x'-x}$$

跟着，来计算 P 点的切线的倾斜率，只要在曲线上使 P'和 P 挨近就成了。

P'挨近 P 的时候，y'便挨近了 y，而 x'也就挨近了 x。这个比 $\left(\frac{y'-y}{x'-x}\right)$跟着 P'的移动渐渐发生了改变，P'越近于 P，就越近于我们所要找到表示 P 点的切线的倾斜率的那个比。

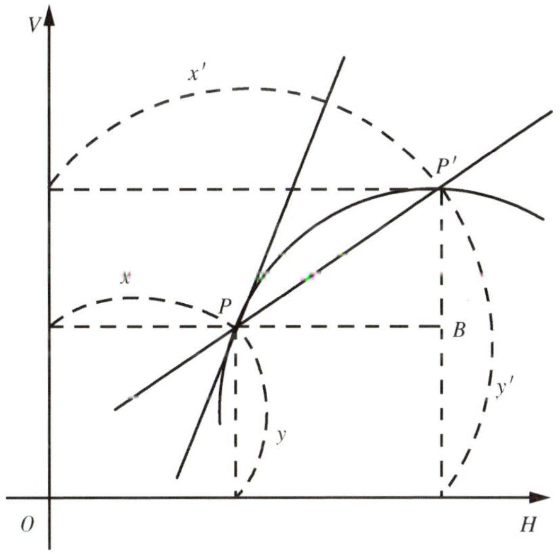

图 5－12

要解决的问题总算解决了。总结一下，解答的步骤是这样：

知道了一条曲线和表示它的一个函数，那曲线上的任一点的切线的倾斜度就可以计算出来。所以，通过曲线上的一点，引一条直线，若是它的倾斜率和我们已经算出来的一样，那么，这条直线就是我们所要找的切线了！

说起来啰里啰唆的，好像很麻烦，但实际上要去画它，并不困难。即如我们前面所举的例子，设若 y'很近于 y，x'也很近于 x，那么，这个比$\left(\dfrac{y'-y}{x'-x}\right)$跟着便很近于$\dfrac{1}{2}$了。因此在曲线上的 P 点，那切线的倾斜率也就很近于$\dfrac{1}{2}$。我们这里所说的“很近”，就是使得相差的数无论小到什么程度都可以的意思。

我们动手来画吧！过 P 点引一条水平线 PB，使它的长为 2 厘米，在 B 这一头，再画一条垂直线 Ba，它的长是 1 厘米，最后把 Ba 的一头 a 和 P 联结起来作一条直线。这么一来，直线 Pa 在 P 点的倾斜率等于 Ba 和 PB 的比，恰好是$\dfrac{1}{2}$，所以它就是我们所要求的在曲线上 P 点的切线。

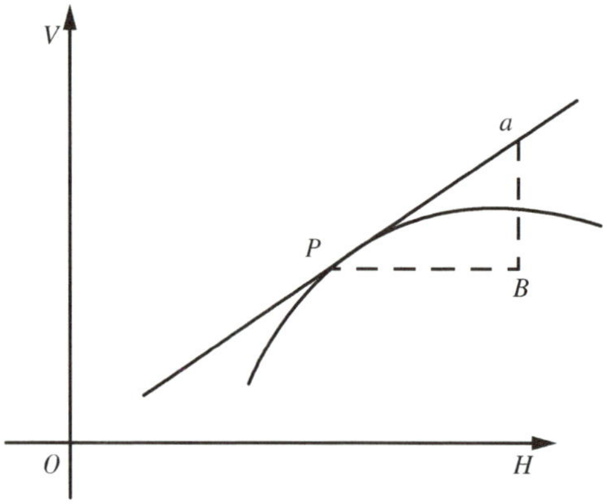

图 5－13

对于切线的问题，我们算是有了一个一般的解答。但是，我问你，一直说到现在，我们所解决的都是一些特别的例子，能不能用到一般的已定曲线上去呢？

还不能呢！还得要用数学的方法，再进一步找出它的一般的原理才行。不过要达到这个目的，并不困难。我们再从所用的方法当中仔细探究一番，就可以得到一个称心如意的回答了。

我们所用的方法含有什么性质呢？

假如我们记清楚从前所说过的：什么连续函数咧，它的什么变化咧，这些变化的什么平均值咧这一类的东西，将它们来比照一下，对于我们所用的方法，一定更加明了了。

一条曲线和一个函数，本可以看成完全一样的东西，因为一个函数可以表示出它的性质，也可以用图形表示出来。所以，一样的情形，一条曲线也就表示一个点的运动情形。

为了要弄清楚一个点的运动情形，我们曾经研究过用来表示这运动的函数有怎样的变化。研究的结果，将诱导函数的意义也弄明白了。我们知道它在一般的形式下面，也是一个函数，函数一般的性质和变化它都含有。

认为函数是表示一种运动的时候，它的诱导函数，就是表示每一刹那间，这运动所有的速度。

抛开运动不讲，在一般的情形当中，一个函数的诱导函数含有什么意义呢？

我们再来简单地看一下，诱导函数是怎样被我们诱导出来的。对于变数，我们先使它任意加大一点，然后从这点出发去计算所要求的诱导函数。就是找出相应于这点变化，那函数增加了多少，接着就求这两个增加的数的比。

因为函数的增加是依赖着变数的增加，所以我们跟着就留意，在那增加的量很小很小的时候，它的变化是怎样的。

这样的做法，我们已说过很多次，而结果仍旧是一样的。那增加的量无限小的时候，这个比就达到一个固定的值。中间有个必要的条件，我们不要忘掉，若是这个比有极限的时候，那个函数是连续的。

将这些情形和所讲过的计算一条曲线的切线的倾斜率的方法比较一下，我们仍旧一头雾水，它们实在没有什么区别吗？

最后，就得出这么一个结论：一个函数表示一条曲线，函数的每一个值都相应于那曲线上的一点，对于函数的每一个值的诱导函数，就是那曲线上相应点的切线的倾斜率。

这样说来，切线的倾斜率便有一个一般的求法了。这个结果不但对于本问题很重要，它简直是微积分的台柱子。

这不但解释了切线的倾斜率的求法，而且反过来，也就得出了诱导函数在数学函数上的抽象的意义。正和我们为了要研究函数的变化，却得到了无限小和它的计算法，以及诱导函数的意义一样。

再多说一句，诱导函数这个宝贝非常玲珑。你讲运动吧，它就表示这运动的速度；你讲几何吧，它又变成曲线上一点的切线的倾斜率。你看它多么活泼、有趣！

索性再来看看它还有什么把戏可以耍出来。

诱导函数表示运动的速度，就可以指示出那运动有什么变化。

在图形上，它既表示切线的倾斜率，又有什么可以指示给我们看的呢？

设想有一条曲线，对了，曲线本是一条弯来弯去的线，它在什么地方有怎样的弯法，我们有没有方法可以表明呢？

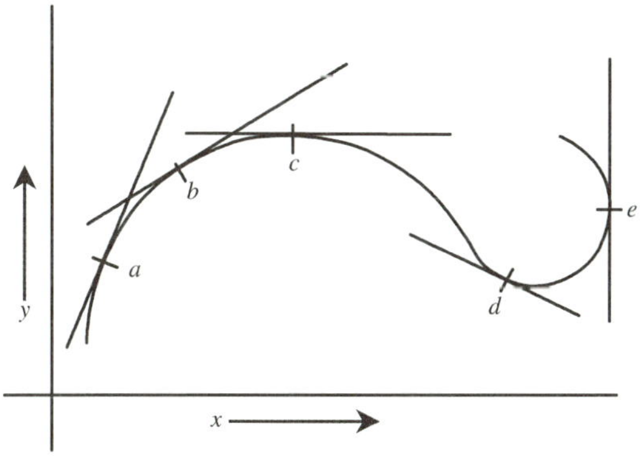

图 5 - 14

从图上看吧，在 a 点附近曲线弯得快些。换句话说，x 的距离越小，而相应的 y 的距离越大。这就证明在 a 点的切线的倾斜度更陡。

在 b 点呢，切线的倾斜度就较平了，切线和水平线所成的角也很小，x 和 y 的距离增加的强弱相差也不大。

至于 c 点，倾斜度简直成了零，切线和水平线近乎平行，x 的距离尽管增加，y 的值总是老样子，所以这条曲线也很平。接着下去，它反而向下弯起来，就是说，x 的距离增加，y 的值反而减小。在这里，倾斜度就改变了方向，一直降到 d 才又回头。从 c 到 d 这一段，因为倾斜度变了方向的缘故，我们就说它是“负的”。

最后，在 e 点倾斜度成了直角，就是切线与垂直线几乎平行的时候，这条曲线变得非常陡。x 若只无限小地增加一点的时候，y 的值还是一样。

知道了这个例子后，对于诱导函数的研究，它有多大，它是正或负，都可以指示出曲线的变化来。这正和用它表示速度时，可以看出运动的变化情形一样。

你看！诱导函数这么一点儿小家伙，它的花招有多少！

六 无限小的量

知识点提要

1. ______________________

2. ______________________

3. ______________________

典型例题

____

____

量本来是抽象的，为了容易想象，我们前面说诱导函数的效用和计算法的时候，曾经找出运动的现象来做例。现在要确切一点地来讲明白数学的函数的意义，我们用的方法虽然和前面用过的相似，但要比它更一般些。

诱导函数的一般的定义是怎样的呢？

从以前所讲过的许多例子中，可以看出来：诱导函数是表示函数的变化的，无论那函数所倚靠的变数小到什么地步，总归可表示出函数在那儿所起的变化。诱导函数指示给我们看，那函数什么时候渐渐变大和什么时候渐渐变小。它又指示给我们，这种变化什么时候来得快，什么时候来得慢。而且它所能指示的，并不是大体的情形，简直连变数的值虽只有无限小的一点变化，函数的变化状态也指示得非常清楚。因此，研究函数的时候，诱导函数实在占据着很重要的位置。关于这种巧妙的方法的研究和解释，以及关于它的计算的发明，都是非常有趣的。它的发明十分奇异，结果又十分丰富，这可算是一种奇迹吧！

然而，追根究底，它不过是从数学的符号的运用当中诱导出来的。不是吗？我们用 Δ 这样一个符号放在一个量的前面，算它所表示的量是无限小的，它可以逐渐减小下去，而且是可以无限地减小下去的。我们跟着就研究这种无限小的量的关系，便得出诱导函数这一个奇怪的量。

起源虽很简单，但这些符号也并不是就可以任意诱导出来的。照我们前面已讲明的看来，它们原是为了研究任何函数无限小的变化的基本运算才产生的。它逐渐展开的结果，对于一般的数学的解析，却变成了一种精确、恰当的工具。

这也就是数学中，微分学这一部分，又有人叫它是解析数学的原因。

一直到这里，我们已经好几次说到，对于诱导函数这一类东西，要给它一个精确的定义，但始终还是没有做到，这总算一件憾事。原来要抽象地了解它，本不容易，所以只好慢慢地再说吧。单是从数学计算的实际上，是不能再找到这些东西的定义了，所以只好请符号来说明。一开始举例，我们就用字母来代表运动的东西，这已是一种符号的用法。

后来讲到函数，我们又用到下面这种形式的式子：

$$y=f(x)$$

这式子自然也只是一个符号。这符号所表示的意思，虽则前面已经说过，为了明白起见，这里无妨再重述一遍。x 表示一个变数，

y 表示随 x 变的一个函数。换句话说就是：对于 x 的每一个数值，我们都可以将 y 的相应的数值计算出来。

在函数以后讲到诱导函数，又用过几个符号，将它们连在一起，可以得出下面的式子：

$$y'=\lim_{\Delta x\to 0}\frac{\Delta y}{\Delta x}$$

y'表示诱导函数，这个式子就是说，诱导函数是：当 Δx 以及 Δy 都近于零的时候，$\frac{\Delta y}{\Delta x}$这个比的极限。

再把话说得更像教科书式一些，那么：

诱导函数是："当变数的增量 Δx 和增量 Δy 都无限减小时，Δy 和 Δx 的比的极限。"到了这极限时，我们另外用一个符号$\frac{\mathrm{d}y}{\mathrm{d}x}$表示。

朋友！你还记得吗？一开场我就说过，为这个符号我曾经碰了一次大钉子，现在你不费吹灰之力就看见了它，总算便宜了你。你好好地记清楚它所表示的意义吧！用处多着呢！有了这个新符号，诱导函数的式子又多一种写法：

$$\frac{\mathrm{d}y}{\mathrm{d}x}=y'$$

$\mathrm{d}y$ 和 $\mathrm{d}x$ 所表示的都是无限小的量，它们同名不同姓，$\mathrm{d}y$ 叫 y 的"微分"，$\mathrm{d}x$ 叫 x 的"微分"。在这里，应当注意的是：$\mathrm{d}y$ 或 $\mathrm{d}x$ 都只是一个符号，若看成和代数上写的 ab 或 xy 一般，以为是 d 和 y 或 d 和 x 相乘的意思，那就大错了。好比一个人姓张，你却叫他一声弓长先生，你想，他会不会对你失敬呢？

把$\frac{\mathrm{d}y}{\mathrm{d}x}=y'$这式子变化一番，就可得出一种很重要的关系：

$$dy = y' dx$$

这就是说："函数的微分等于诱导函数和变数的微分的乘积。"

我们已经规定清楚了几个数学符号的意思：什么是诱导函数、什么是无限小、什么是微分。现在就用它们来研究和分解几个不同的变数。

对于这些符号，老实说，也可以像其他符号一样，用到各种各样的计算中。但是有一点却要非常小心，和这些量的定义矛盾的地方就得避开。

闲话少讲，还是举几个例子出来，先举一个最简单的。

假如 S 是一个常数，等于三个有限的量 a，b，c 与三个无限小的量 dx，dy，dz 的和，我们就知道：

$$a + b + c + dx + dy + dz = S$$

在这个式子里面，因为 dx，dy，dz 都是无限小的变量，而且可以任意使它们小到不可用言语表达出来的地步。因此干脆一点儿，我们简直可以使它们都等于零，那就得出下面的式子：

$$a + b + c = S$$

你又要捉到一个漏洞了。早先我们说芝诺把无限小想成等于零是错的，现在我却自己马马虎虎地也跳进了这个圈子。但是，朋友！小心之余还得小心，捉漏洞，你要看好了它真是一个漏洞，不然，近视眼看着墙壁上的一只小钉，以为是苍蝇，一手拍去，对钉子来说没有什么大碍，然而手该多痛啊！

在这个例子中，因为 S 和 a，b，c 都是有限的量，不能偷换，留几个小把戏夹杂在当中跳去跳来，反而不雅观，这才可以干脆说它们都等于零。芝诺所谈的问题，他讲到无限小的时间，同时讲到无限小的空间，两个小把戏跳在一起，那就马虎不得，干脆不来了。所以假如一个式子中不但有无限小的量，还有另一个无限小的量相互关联着，那我们就不能硬生生地说它们等于零，将它们消去，我们在前面不是已经看到过吗？无限小和无限小关联着，会得出有限的值来。朋友！有一句俗话说："一斗芝麻拈一颗，有你不多，无你不少。"但是倘若就只有两三颗芝麻，你拈去了一颗，不是只剩二分之一或三分之二了吗？

无限小可以省去和不省去的条件你明白了吗？无限大也是一样的。

上面的例子是说，在一个式子当中，若是含有一些有限的数和一些无限小的数，那无限小的数通常可以略掉。假如在一个式子中所含有的，有些是无限小的数，有些却是两个无限小的数的乘积。小数和小数相乘，数值便越乘越小。一个无限小的数已经够小了，何况是两个无限小的数的乘积呢？因此，这个乘积对于无限小的数，同前面的理由一样，也可以略去。假如，有一个下面的式子：

$$\mathrm{d}y-y'\mathrm{d}x+\mathrm{d}v\mathrm{d}x$$

在这里面，$\mathrm{d}v$ 也是一个无限小的数，所以右边的第二项便是两个无限小的数的乘积，它对于一个无限小的数来说，简直是无限小中的无限小。对于有限数，无限小的数可以略去。同样地，对于无限小的数，这无限小中的无限小，也就可以略去。

两个无限小的数的乘积，对于一个无限小的数来说，我们称它为二次无限小数。同样地，假如有三个或四个无限小数相乘的积，对于一个无限小的数（平常我们也说它是一次无限小的数），我们就称它为三次或四次无限小的数。通常二次以上的，我们都称它们为高次无限小的数。假如，我们把有限的数，当成零次的无限的小数看，那么，我们可以这样说：在一个式子中，次数较高的无限小数对于次数较低的，通常可以略去。所以，一次无限小的数对于有限的数，可以略去，二次无限小的数对于一次的，也可以略去。

在前面的式子当中，我们已经知道，若两边都用同样的数去除，结果还是相等的。我们现在就用 $\mathrm{d}x$ 去除，于是得出：

$$\frac{\mathrm{d}y}{\mathrm{d}x}=y'+\mathrm{d}v$$

在这个新得出来的式子当中，左边 $\frac{\mathrm{d}y}{\mathrm{d}x}$ 所含的是两个无限小的数，它们的比等于有限的数 y'。我们称这 y' 为函数 y 对于变数 x 的诱导函数。因为 y' 是有限的数，$\mathrm{d}v$ 是无限小的，所以它对于 y' 可以略去。因此，$\frac{\mathrm{d}y}{\mathrm{d}x}=y'$ 或是两边再用 $\mathrm{d}x$ 去乘，这式子也是不变的，所以：$\mathrm{d}y=y'\mathrm{d}x$。

这个式子和之前比较，就是少了那两个无限小的数的乘积（$\mathrm{d}v\ \mathrm{d}x$）这一项。

这一节到此结束，我们再换个新鲜的题目来谈吧！

七 二次诱导量——加速度——高次诱导函数

知识点提要

1. ______

2. ______

3. ______

典型例题

______

______

数学上的一切法则，都有一个应当留意到的特性，就是无论什么法则，在它成立的时候，使用的范围虽然有一定的限制，但我们也可尝试一下，将它扩充出去，用到一切的数或一切的已知函数。我们可将它和别的法则联合起来，使它能够产生更大的效果。

呵！这又是一段“且夫天下之人”一流的空话了，还是举例吧。

在算术里面，学了加法，就学减法，但是它真小气得很，只允许你从一个数当中减去一个较小的数，因此有时免不了要碰壁。比如从一斤中减去八两，你立刻就回答得出来，还剩半斤[1]。但是要从半斤中减去十六两，你还有什么法子？碰了壁就完了吗？人总是不服气的，越是触霉头，越想往那中间钻。除非你是懒得动弹的大少爷，或是没有力气的大小姐，碰了壁就此罢手！那么，在这碰壁的当儿，额角是碰痛了，痛定思痛，总得找条出路，从半斤中减去十六两怎么减呢？我们发狠一想，便有两条路。一条无妨说它是“大马路”，因为人人会走，特别是大少爷和大小姐喜欢去散步。这是什么？其实只是一条不是路的路，我们干干脆脆地回答三个字“不可能”。你已说不可能了，谁还会再为难你呢，这不是就是不了了之了吗？然而，仔细一想，朋友，不客气说，咱们这些享有四千多年文化的炎黄子孙，现在弄得焦头烂额，衣食都不能自给，就是上了这不了了之的当。“不可能！不可能！”老是这样叫着，要自己动手，推脱是不行的。连别人明明已经做出的，初听见乍看着，因为怕动脑，也还说不可能。见了火车，有人和你说，已经有人发明了可以在空中飞的东西，你心里会想到“这不可能”；见了一根一根搭在空中的电线，别人和你说，现在已有不要线的电报、电话了，你心里也会想到“这是不可能”……朋友！什么是可能的呢？请你回答我！你不愿意答应吗？我替你回答：“老祖宗传下来的，别人做现成的，都可能。此外，那就要看别人，和别人的少爷、小姐，好少爷、好小姐们了！”呵！多么大气量！

对不起，笔一溜，说了不少废话，而且也许还很失敬，不过我

① 按当时的计量单位，1 斤=16 两。

还得声明一句，目的只有一个，希望我们不要无论想到什么地方都只往“大马路”上靠，我们的路是第二条。

我们从半斤中减去十六两碰了壁，我们硬不服，创造出一个负数的户头来记这笔苦账，这就是说，将减法的定义扩充到正负两种数。不是吗？你欠别人十六两高粱酒，他来向你讨，偏偏不凑巧你只有半斤，你要还清他，不是差八两吗？“差”的就是负数了！

法则的扩充，还有一条路。因为我们将一条法则的限制打破，只是让它能够活动的范围扩大起来。但除此以外，有时，我们又要求它能够简单些，少消耗我们一点儿力量，让我们在其他方面也去活动活动。举个例子说，一条法则若是要重复地运用，我们也可以想一种方法来代替它。比如，从 150 中减去 3，减了一次又一次，多少次可以减完？这题目自然是可能的，但真要去减，谁有这样的耐心！没趣得很，是不是？于是我们就另开辟一条行人便道，那便是除法。将 3 去除 150 就得 50。要回答上面的问题，你说多少次可减完？同样地，加法，若只是同一个数尽管加了又加，也乏味得很，又另开辟一条路，挂块牌子叫乘法。

话说回来，我们以前讲过的一些方法，也可以扩充它的应用范围吗？也可以将它的法则推广吗？

讲诱导函数的时候，我们限定了，对于 x 的每一个值，都有一个固定的极限。所以，我们就知道，对于 x 的每一个值，它都有一个相应的值。归根结底，我们便可以将诱导函数 y' 看成 x 的已知函数。结果，一样地，也就可以计算诱导函数 y' 对于 x 的诱导函数，这就成为诱导函数的诱导函数了。我们叫它是二次诱导函数①，用 y''表示。

其实，要得出一个函数的二次诱导函数，并不是难事，将诱导函数法连用两次就好了，比如前面我们拿来做例的：

$$e=t^2 \tag{1}$$

它的诱导函数是：

$$e'=2t \tag{2}$$

将这个函数，照 $d=5t$ 的例计算，就可得出二次诱导函数：

$$e''=2 \tag{3}$$

二次诱导函数对于一次诱导函数的关系，恰和一次诱导函数对于本来的函数的关系相同。一次诱导函数表示本来的函数的变化，同样地，二次诱导函数就表示一次诱导函数的变化。

我们开始讲诱导函数时，用运动来做例，现在重借它来解释二次诱导函数，看看能不能衍生出什么玩意儿。

我们曾经从运动中看出来，一次诱导函数是表示每一刹那间，一个点的速度。所谓速度的变化究竟是什么意思呢？假如一个东西，第一秒钟的速度是 4 米，第二秒钟是 6 米，第三秒钟的速度是 8 米，这速度越来越大，按我们平常的说法，就是它越动越快。若是说得文气一点儿，便是它的速度逐渐增加，你不要把“增加”这个词看得太呆板了，所谓增加也就是变化的意思。所以速度的变化，就只是运动的速度的增加，我们便说它是那运动的“加速度”。

① 二次诱导函数：也称函数的二阶导数。一次诱导函数称为函数的一阶导数。

要想求出一个运动着的点，在一刹那间的加速度，只需将从前我们所用过的求一刹那间的速度的方法，重复用一次就行了。不过，在第二次用的时候，有一点必须加以注意：第一次我们求的是距离对于时间的诱导函数，而第二次所求的却是速度对于时间的诱导函数。结果，所谓加速度这个东西，便等于速度对于时间的诱导函数。我们可以用下面的一个式子来表示这种关系：

$$\text{加速度}=\frac{\mathrm{d}y'}{\mathrm{d}t}=y''$$

因为速度是用运动所经过的空间对于时间的诱导函数来表示，所以加速度也只是这运动所经过的空间对于时间的二次诱导函数。

有了一次诱导函数和二次诱导函数，应用它们，对于运动的情形我们更能知道得清楚些，它的速度的变化是怎样一种情景，我们便可完全明了。

假如一个点始终是静止的，那么它的速度便是零，于是一次诱导函数也就等于零。

反过来，假如一次诱导函数或是说速度等于零，我们就可以断定那个点是静止的。

跟着这个推论，比如已经知道了一种运动的法则，我们想要找出这运动着的点归到静止的时间，只要找出什么时候，它的一次诱导函数等于零，那就成了。

随便举个例来说，假设有一个点，它的运动法则是：

$$d=t^2-2t$$

由以前讲过的例子，t^2 的诱导函数是 $2t$，而 $2t$ 的诱导函数是 2，所以：

$$d' = 2t - 2$$

这个式子也可以直接计算出来：

$\because d = t^2 - 2t$

$d + \Delta d = (t + \Delta t)^2 - 2(t + \Delta t)$

$$\begin{aligned}\therefore \Delta d &= (t+\Delta t)^2 - 2(t+\Delta t) - d \\ &= (t+\Delta t)^2 - 2(t+\Delta t) - (t^2 - 2t) \\ &= (t^2 + 2t\Delta t + \Delta t^2) - 2t - 2\Delta t - (t^2 - 2t) \\ &= 2t\Delta t - 2\Delta t + \Delta t^2\end{aligned}$$

$$d' = \lim_{\Delta t \to 0} \frac{\Delta d}{\Delta t} = \lim_{\Delta t \to 0} (2t - 2 + \Delta t) = 2t - 2$$

就是这个点的速度，在每一刹那 t 间是 $2t-2$，若要问这个点什么时候静止，只要找出什么时候它的速度等于零就行了。但是，它的速度就是这运动的一次诱导函数 d'。所以若 d' 等于零时，这个点就是静止的。我们再来看 d' 怎样才等于零。它既等于 $2t-2$，那么 $2t-2$ 若等于零，d' 也就等于零。因此我们可以进一步来看 $2t-2$ 等于零需要什么条件。我们试解下面的简单方程式：

$$2t - 2 = 0$$

解这个方程式的法则，我相信你没有忘掉，所以我只简洁地回答你，这个方程式的根是 1。假如 t 是用秒做单位的，那么，便是 1 秒的时候，d' 等于零，就是那个点在开始运动后 1 秒归于静止。

现在，我们另外讨论别的问题，假如那点的运动是等速的，那么，一次诱导函数或是说速度，是一个常数。因此，它的加速度，或是说它的速度的变化，便等于零，也就是二次诱导函数等于零。一般的情况，一个常数的诱导函数总是等于零的。

又可以掉过话头来说，假如有一种运动法则，它的二次诱导函数是零，那么它的加速度自然也是零。这就表明它的速度老是一个样子，没有什么变化。从这一点，我们可以知道，一个函数，若它的诱导函数是零，它便是一个常数。

再接着推下去，若是加速度或二次诱导函数，不是一个常数，我们又可以看它有什么变化了。要知道它的变化，不必用别的方法，只要找它的诱导函数就行了。这一来，我们得到的却是第三次诱导函数。在一般的情形当中，这第三次诱导函数也不一定就等于零。假如，它不是一个常数，就可以有诱导函数，这便成第四次的了。照这样尽管可以推下去，不过连续地重复用那诱导函数法罢了。无论第几次的诱导函数，都表示它前一次的函数的变化。

这样看来，关于函数变化的研究是可以穷追下去的。诱导函数不但可以有第二次的、第三次的，简直可以有无限次数的。这全看那些数的气量如何，只要不是被我们追过几次便板起脸孔，死气沉沉地成了一个常数，我们才可以就此停手。

八 局部诱导函数和全部的变化

知识点提要

1. ______________________

2. ______________________

3. ______________________

典型例题

____

____

同学们，你们对火柴盒一定不陌生吧？它是长方形的，有长、有宽又有高，这你们都知道，不是吗？对于这种有长、有宽又有高的东西，我们要计算它的大小，就得算出它的体积。算这种火柴盒的体积的方法，算术里已经讲过了，是把它的长、宽、高相乘。因此，这三个数中若有一个变了一点儿，它的体积也就跟着变了，所以可以说火柴盒的体积是这三个量的函数：设若它的长是 a，宽是 b，高是 c，体积是 V，我们就可得出下面的式子：

$$V=abc$$

假如你的火柴盒是燮昌公司生产的，我的却是丹凤公司生产的，你一定要和我争，说你的火柴盒的体积比我的大。朋友！空口说白话，绝对不能让我心服，你有办法向我证明吗？你只好将它们的长、宽、高都比一比，找出夔昌生产的盒子有一边或两边，甚至三边，都比丹凤的盒子要长些，你真能这样，我自然只好哑口无言了。

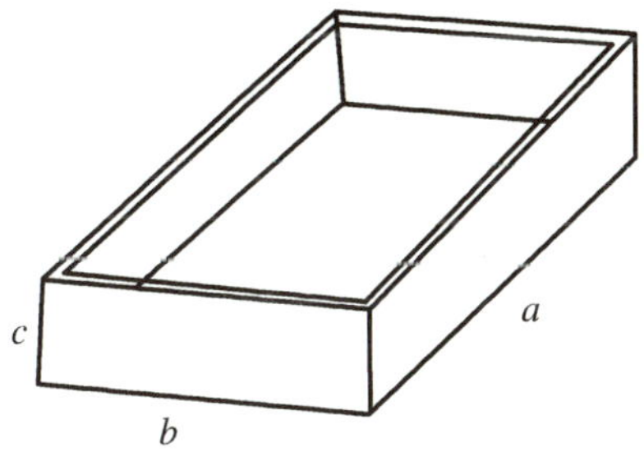

图 8－1

我们借这个小问题做引子，来看看火柴盒这类东西的体积的变化是怎样的。先假设它的长 a、宽 b 和高 c 都是可以随我们的意思伸缩的，再假设它们的变化是连续的，好像你用打气筒套在足球的橡皮胆上打气一样。火柴盒的三边既然是连续地变，它的体积自然也得跟着连续地变，而恰好是三个变数 a，b，c 的连续函数。到了这里，我们就有了一个问题：

“当这三个变数同时连续地变的时候，它们的函数 V 的无限小的变化，我们怎样去测量呢？”

以前，为了要计算无限小的变化，我们请出了一件法宝——诱导函数来，不过那时的函数是只依赖着一个变数的。现在，我们就来看这件法宝碰到了几个变数的函数时还灵不灵。

第一步，我们能够将下面的一个体积

$$V_1=a_1b_1c_1$$

由以下将要说到的非常简便的方法变成一个新体积：

$$V_2=a_2b_2c_2$$

开始，我们将这体积的宽 b_1 和高 c_1 保持原样，不让它改变，只使长 a_1 加大一点变成 a_2。

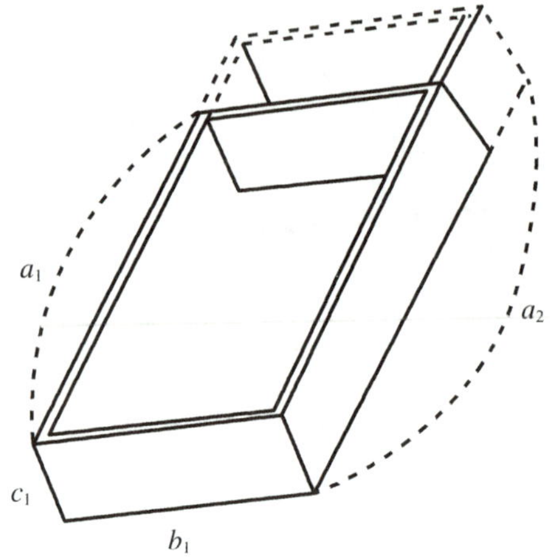

图 8－2

接着，将 a_2 和 c_1 保持原样，只让宽 b_1 变到 b_2。

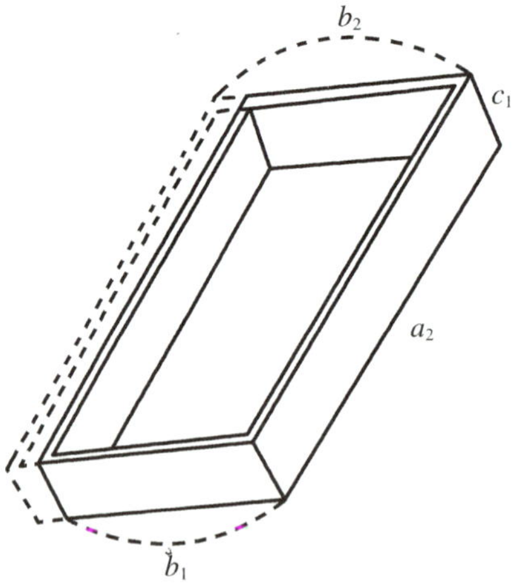

图 8－3

最后，将 a_2 和 b_2 保持原样，只将 c_1 变到 c_2。

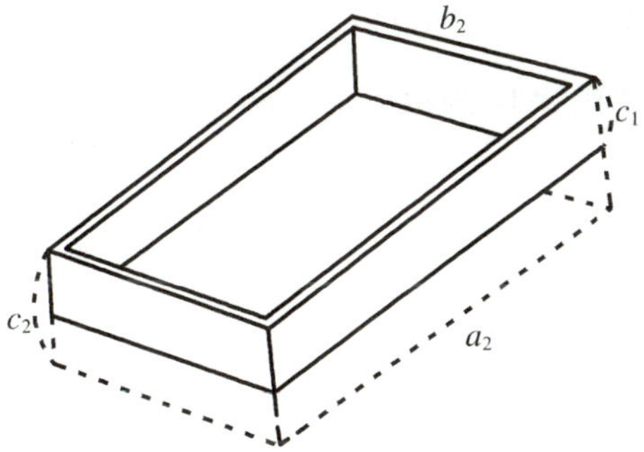

图 8－4

这种方法，我们用了三个步骤使体积 V_1 变到 V_2 的，每一次我们都只让一个变数改变。

只依赖着一个变数的函数，它的变化，我们以前是用这个函数的诱导函数来表示的。

同样的理由，我们每次都可以得出一个诱导函数来。不过这里所得的诱导函数，都只能表示那函数的局部的变化，因此我们就替它们取一个名字叫“局部诱导函数①”。

从前，我们表示 y 对于 x 的诱导函数用 $\frac{\mathrm{d}y}{\mathrm{d}x}$ 表示；现在，对于局部诱导函数，我们也用和它相似的符号表示，就是：

$$\frac{\partial v}{\partial a} \cdot \frac{\partial v}{\partial b} \cdot \frac{\partial v}{\partial c}$$

第一个表示只将 a 当变数，第二个和第三个相应地表示只将 b 或 c 当变数。

你将前面说过的关于微分的式子记起来吧！

① 局部诱导函数，也称为偏导数。

$$dy = y' dx$$

同样地，若要找 v 的变化 dv，那就得将它三边的变化加起来，所以：

$$dv = \frac{\partial v}{\partial a} da + \frac{\partial v}{\partial b} db + \frac{\partial v}{\partial c} dc$$

dv 这个东西，在数学上管它叫“总微分”或“全微分”。

由上面的例子推到一般的情形，我们就可以说：

“几个变数的函数，它的全部变化，可以用它的总微分表示。这总微分呢，便等于这函数对于各变数的局部微分的和。”所以，要求出一个函数的总微分，必须分次求出它对于每一个变数的局部诱导函数。

九 积分学

知识点提要

1. ____________________

2. ____________________

3. ____________________

典型例题

____

____

数学的园地里，最有趣味的一件事，就是许多重要的高楼大厦，有一座向东，就一定有一座向西，有一座朝南，就有一座朝北，使游赏的人，走过去又可以走回来。而这些两两相对的亭台楼阁，里面的一切结构、陈设、点缀都互相关联着，恰好珠联璧合、相得益彰。

不是吗？你会加就得会减，你会乘就得会除；你学了求公约数和最大公约数，你就得学求公倍数和最小公倍数；你知道怎样通分的原理，你就得懂得怎样约分；你知道乘方的方法还不够，必须要知道开方的方法才算完全。原来一反一正不只是做文章的大道理呢？加法、乘法……算它们是正的，那么，减法、除法……恰巧相应地就是它们的还原，所以便是反的。

假如微分法算是正的，有没有和它相反的方法呢？

朋友！一点儿不骗你，正有一个和它相反的方法，这就是积分法。倘使没有这样一种方法，那么我们知道了一种运动的法则，可以算出它在每一刹那间的速度，有人和我们开玩笑，说出一个速度来，要我们回答他这是一种什么运动，那不是糟了吗？他若再不客气点儿，还要我们替他算出在某一个时间中，那运动所经过的空间距离，我们怎样下台？

假如别人向你说，有一种运动的速度，每小时总是 5 里，要求它的运动法则，你自然会不假思索地回答他：

$$d=5t$$

他若问你，8 个钟头的时间，这运动的东西在空间经过了多长距离，你也可以轻轻巧巧地就说出是 40 里。

但是，这是一个极简单的等速运动的例子呀！碰到的若不是等速运动，怎么办呢？

倘使你碰到的是一个粗心马虎的阔少，你只要给他一个大致的回答，他就很高兴，那自然什么问题也没有。不是吗？咱们中国人是大方惯了的，算什么都四舍五入，又痛快又简单。你去过菜市场吗？你看那卖菜的虽是提着一杆秤在称，但那秤总不要它平，而且称完了，买的人觉得不满足，还可任意从篮子里抓一把来添上。在这样的场合，即使有人问你什么速度、什么运动，你可以很随便地回答他。其实呢，在日常生活中，本来用不到什么精密的计算，所以上面提出的问题，若为实际运用，只要有一个近似的解答就行了。

近似的解答并不难找，只要我们能够知道一种运动的平均速度就可以了。举一个例子，比如，我们知道一辆汽车，它的平均速度是每小时 40 公里，那么，5 小时它“大约”行驶了 200 公里。

但是，我们知道了那汽车真实的速度，常常是变动的，又想要将它在一定的时间当中所走的路程计算得更精密些，就要知道许多相离很近的刹那间的速度——一串平均速度。

这样计算出来的结果，自然比前面用 1 小时做单位的平均速度来计算所得的要精确些。我们所取的一串平均速度，数目越多，互相隔开的时间间隔越短，所得的结果，自然也就越精确。但是，无论怎样，总不是真实的情形。

怎样解决这个问题呢？

一辆汽车在一条很直的路上行驶了 1 个小时，它每一刹间的速度，我们也知道了。那么，它在 1 个小时内所经过的路程，究竟是怎样的呢？

第一种求近似值的方法：可以将 1 个小时的时间分成每 5 分钟一个间隔。在这 12 个间隔当中，每一个间隔，我们都选一个在一刹那间的真实速度。比如说在第一个间隔里，每分钟 v_1 米是它在某一刹那间的真实速度；在第二个间隔里，我们选 v_2；第三个间隔里，选 v_3，以此类推，这样一直到 v_{12}。

这辆汽车在第一个 5 分钟时间内所经过的路程，和 $5v_1$ 米相近；在第二个 5 分钟内所经过的路程，和 $5v_2$ 米相近，以下也可以照推。

它 1 个小时所通过的距离，就近于经过这 1，2 个时间间隔所走的距离的和，就是说：

$$d = 5v_1 + 5v_2 + 5v_3 + \cdots + 5v_{12}$$

这个结果，也许恰好就是正确的，但对我们来说也没有用，因为它是不是正确的，我们没有办法去决定。一般地说来，它总是和真实的相差不少。

实际上，上面的方法，虽已将时间分成了 12 个间隔，但在每 5 分钟这一段里面，还是用一个速度来做成平均速度。虽则这个速度，在某一刹那是真实的，但它和平均速度比较起来，也许太大了或是太小了。跟着，我们所算出来的那段路也说不定会太大或太小。所以，这种算法要得出确切的结果，差得还远呢！

不过，照这个样子，我们还可以做得更精细，无妨将 5 分钟一段的时间间隔分得更小些，比如说，1 分钟一段。那么所得出来的结果，即便一样地不可靠，相差的程度总会小些。就照这样做下去，时间的间隔越分越小，我们用来做代表的速度，也就更近于那段时间中的平均速度。我们所得的结果，跟着便更近于真实的距离。除了这种方法，还有第二种求近似值的方法：假如在那一个小时的时间内，每分钟选出的一刹那间的速度是 v_1，v_2，v_3，…，v_{60}，那么所经过的距离 d 便是：

$$d = v_1 + v_2 + v_3 + \cdots + v_{60}$$

照这样继续做下去，把时间的段数越分越多，我们所得出的距离近似的程度就越来越大。这所经过的路程的值，我们总用项数逐渐增加，每次的数值逐渐近于真实，这样的许多数的和来表示。实际上，每一项都表示一个很小的时间间隔乘一个速度所得的积。

我们还得将这种方法继续讲下去，请你千万不要忘掉，和数中的各项实际都表示那路程的一小段。

我们按照数学上惯用的假设来说：现在我们想象将时间的间隔继续分下去，一直到无限，那么，最后的时间间隔，便是一个无限小的量了，用我们以前用过的符号来表示，就是 Δt。

我们不要再找什么很小的时间间隔中的任何速度了吧，还是将以前讲过的速度的意义记起来。确实，我们能够将时间间隔无限地分下去，到无限小为止。在这一刹那的速度，依以前所说的，便是那运动所经过的路程对于时间的诱导函数。由此可见，这速度和这无限小的时间的乘积，便是一刹那间运动所经过的路程。自然这路程也是无限小的，但是将这样一个个无限小的路程加在一起，不就是 1 个小时内总共的真实路程了吗？不过，道理虽是这样，一说就可以明白，实际要照普通的加法去加，却无从下手。不但因为每个相加的数都是无限小，还有这加在一起的无限小的数的数目却是无限大。

1 个小时的真实路程既然有办法得到，只要将它重用起来，无论多少小时的真实路程也就可以得到了。一般地说，我们仍然设时间是 t。

照上面看起来，对于每一个 t 的值，我们都可以得出距离 d 的值来，所以 d 便是 t 的函数，可以写成下面的样子：

$$d=f(t)$$

换句话来说，这就是表示那运动的法则。

归根结底，我们所要找寻的只是将一个诱导函数还原转去的方法。

从前是知道了一种运动法则，要求它的速度，现在却是由速度要反回去求它所属的运动法则。从前用过的由运动法则求速度的方法，叫作诱导函数法，所以得出来的速度也叫诱导函数。

现在我们所要找的和诱导函数法正相反的方法便叫“积分法”。所以一种运动在一段时间内所经过的距离 d，便是它的速度对于时间的“积分”。

顺着前面看下来，你大概已经明白“积分”是什么意思了。为了使我们的观念更清晰，用一般惯用的名词来说，所谓“积分”就是：

“无限大的数目这般多的一些无限小的量的总和的极限。”

话虽只有一句，但“的”字太多了，恐怕反而有些眉目不清吧！那么，重说一次，我们将许许多多的，简直是数不清的，一些无限小量加在一起，但这不能照平常的加法去加，所以只好换一种方法，求这个总和的极限，这极限便是所谓“积分”。

这个一般的定义虽然也能够用到关于运动的问题上去，但我们现在还能进一步去研究它。只需把已说过的关于速度这种函数的一些话，重复一番就好了。

设若 y 是变数 x 的一个函数，照一般的写法：

$$y=f(x)$$

对于每一个 x 的值，y 的相应值假如也知道了，那么，函数 $f(x)$ 对于 x 的积分是什么东西呢?

因为积分法就是诱导函数法的反方法，那么，要将一个函数 $f(x)$ 积分，无异于说：另外找一个函数，比如是 $F(x)$，而这个函数不可以随便拿来搪塞，$F(x)$ 的诱导函数必须恰好是函数 $f(x)$。这正和我们知道了 3 和 5 要求 8 用加法，而知道了 8 同 5 要求 3 用减法是一样的，不是吗？在代数里面，减法精密的定义就得这样："有 a 和 b 两个数，要找一个数出来，它和 b 相加就等于 a，这种方法便是减法。"

前面已经说过的积分法，我们再来举个例子。

我们先选好一段变数的间隔，比如，有了起点 O，又有 x 的任意一个数值。我们就将 O 和 x 当中的间隔分成很小很小的小间隔，一直到可以用 Δx 表示。在每一个小小的间隔里，我们随便选一个 x 的值 x_1，x_2，x_3，…

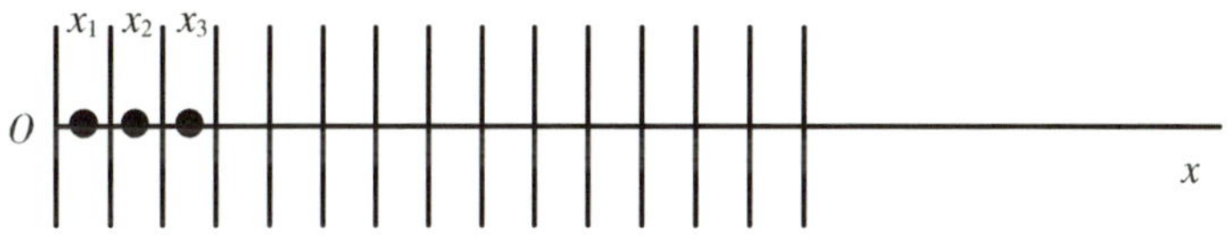

图 9－1

因为函数 $f(x)$ 对于 x 的每一个值都有相应的值，它相应于 x_1，x_2，x_3，…的值我们可以用 $f(x_1)$，$f(x_2)$，$f(x_3)$，…来表示，那么这总和就应当是：

$$f(x_1)\Delta x+f(x_2)\Delta x+f(x_3)\Delta x+\cdots$$

在这个式子里面 Δx 越小，也就是我们将 Ox 分的段数越多，它的项数跟着也就多起来，但是每项的数值却越来越小了。这样我们不是又可以得出另外一个不同的总和来了吗？假如继续不断地照样做下去，逐次新做出来的总比前一次精确些。到了极限，这个和就等于我们要找的 $F(x)$ 了。所以积分法，就是要求一个总和。$F(x)$

是 $f(x)$ 的积分，掉过来 $f(x)$ 就是 $F(x)$ 的诱导函数，由前面的微分的表示法：

$$\mathrm{d}F(x) = f(x)\,\mathrm{d}x \tag{1}$$

若把一个 S 拉长了写成“∫”这个样子，作为积分的符号，那么 $F(x)$ 和 $f(x)$ 的关系又可以这样表示：

$$F(x) = \int f(x)\,\mathrm{d}x \tag{2}$$

（1）（2）两个式子的意义虽然不相同，但表示的两个函数的关系却是一样的，这恰好和“赵阿狗是赵阿猫的爸爸”和“赵阿猫是赵阿狗的孩子”一样。意味呢，全然两样。但“阿狗”“阿猫”都姓赵，而且“阿狗”是爸爸，“阿猫”是孩子，这种关系在两句话当中总是一样地包含着。

讲诱导函数的时候，先用运动来做例，再从数学上的运用去研究它。积分法，除了知道速度，去求一种运动的法则以外，还有别的用场没有呢？

十 面积的计算

知识点提要

1. ______________________

2. ______________________

3. ______________________

典型例题

____

____

将前节讲过的方法拿来运用，再没有比求矩形的面积更简单的例了。比如有一个矩形，它的长是 a、宽是 b，它的面积便是 a 和 b 的乘积，这在算术上就讲过。像下图所表示的，长是 6，宽是 3，面积就恰好是 3×6＝18 个方块。

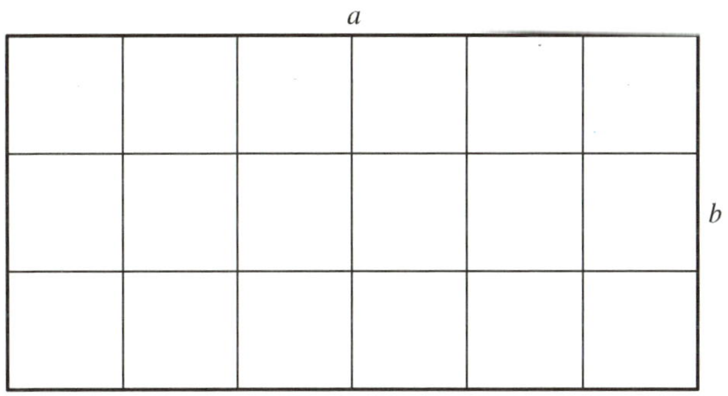

图 10－1

假如这个矩形有一边不是直线——那自然就不能再叫它矩形，要求它的面积，也就不能按照求矩形面积的方法这般简单。那么，我们有什么办法呢？

假使我们所要求的是图中 $ABCD$ 线所包围着的面积，我们知道 AB，AD 和 DC 的长，并且又知道表示 BC 曲线的函数（这样，我们就可以知道 BC 曲线上各点到 AB 线的距离），我们用什么方法，可以求出 $ABCD$ 的面积呢？

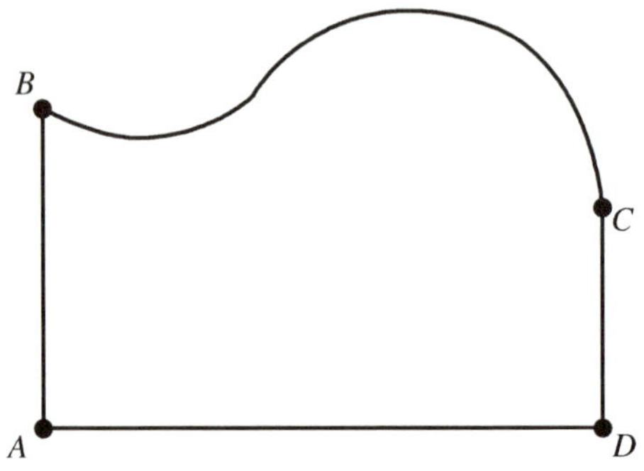

图 10－2

一眼看去，这问题好像非常困难，因为 BC 线非常不规则，真是有点儿不容易对付。但是，你不必着急，只要应用我们前面已说过好几次的方法，就可以迎刃而解了。一开始，无妨先找它的近似值，再连续地使这近似值渐渐地增加它的近似的程度，直到我们得到精确的值为止。

这种方法的确非常自然。前面我们已讨论过无限小的量的计算法，又说过将一条线分了又分，一直分到无穷的方法，这些方法就可以供我们来解决一些较复杂、较困难的问题。先从粗疏的一步入手，循序渐进，便可达到精确的一步。

第一步，简直一点儿困难都没有，因为我们所要的只是一个大概的数目。

先把 $ABCD$ 分成一些矩形，这些矩形的面积，我们自然已经会算了。

假如 S 的面积差不多等于 1，2，3，4 四个矩形的和，我们就先来算这四个矩形的面积，用它各自的长去乘它各自的宽。

这样一来，我们第一步所可得到的近似值，便是这样：

$$S = \underset{(1)}{AB' \times Ab} + \underset{(2)}{ab \times bd} + \underset{(3)}{cd \times df} + \underset{(4)}{fD \times CD}$$

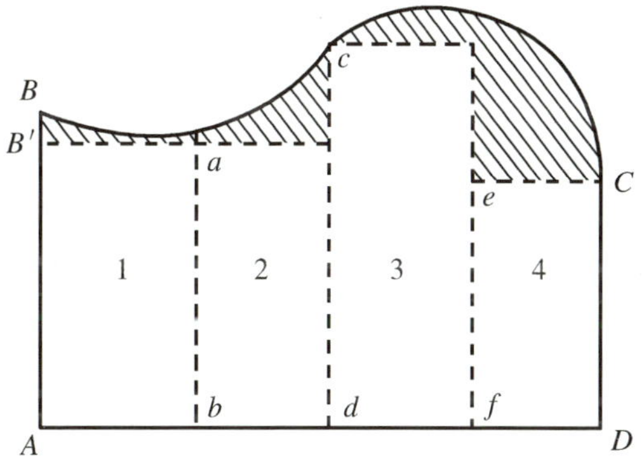

图 10－3

不用说，从上图一看就可知道，这样得出来的结果相差很远，“S”形的面积比这四个矩形的面积的和大得多。图中用斜线画着的那四块，全都没有算在里面。

但是，这个误差，我们并不是没有一点儿办法补救的。先记好表示 BC 曲线的函数是已经知道的，我们可以求出 BC 上面各点到

直线 AD 的距离。反过来就是对于直线 AD 上的每一点，可以找出它们和 BC 曲线的距离。假如我们把 AD 看作和以前各图中的水平线 OH 一样，AB 就恰好相当于垂直线 OV。在 AD 线上的点的值，我们就可说它是 x，相应于这些点到 BC 的距离便是 y，所以 AD 上的一点 P 到 BC 的距离就是一个变数。现在我们说 AP 的距离是 x，AD 上面另外有一点 P'，AP'距离是 x'，过 P 和 P'都画一条垂直线同 BC 相交在 p 和 p_1，pP，p_1P'就相应地表示函数在 x 和 x' 那两点的值 y 和 y'。

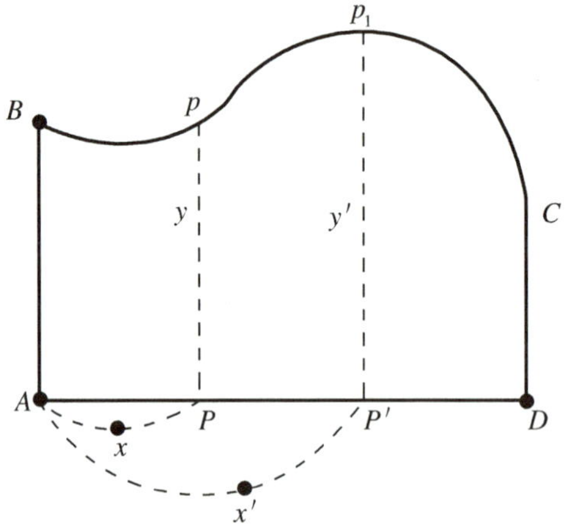

图 10－4

结果，无论 P 点和 P'点在 AD 上什么地方，我们都可以将 y 和 y'找出来，所以 y 是 x 的函数，可以写成：

$$y=f(x)$$

这个函数就是 BC 曲线所表示的。

现在，再来求面积 S 的值吧！

将前面的四个矩形再分成一些数目更多的较小的矩形。

由下图就可看明白，那些从曲线上画出的和 AD 平行的短线都比较挨近曲线；而斜纹所表示的部分也比上面的减小了。

因此，用这些新的矩形的面积的和来表示所求的面积：$S=S_1+S_2+S_3+\cdots+S_{12}$，比前面所得的误差就小得多。

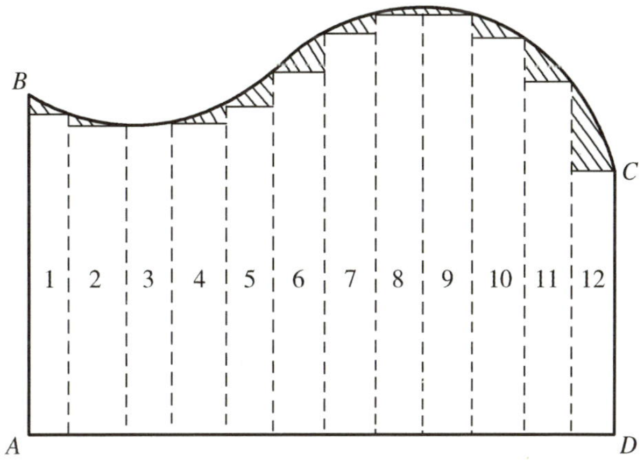

图 10－5

再把 AD 分成更小的线段，比如是 Ax_1，Ax_2，Ax_3，…由各点到曲线 BC 的距离设为 y_1，y_2，y_3，…这些矩形的面积就是：

$y_1\times x_1$，$y_2\times(x_2-x_1)$，$y_3\times(x_3-x_2)$，…

而总共的面积就等于这些小面积的和，所以：

S（近似值）$=y_1\times x_1+y_2\times(x_2-x_1)+y_3\times(x_3-x_2)+\cdots$

若要想得出一个精确的结果，只需继续把 AD 分的段数一次比一次多，每段的间隔一次比一次短，每次都用各个小矩形的面积的和来表示所求的面积。那么，S 和这所得的近似值，误差便越来越小了。

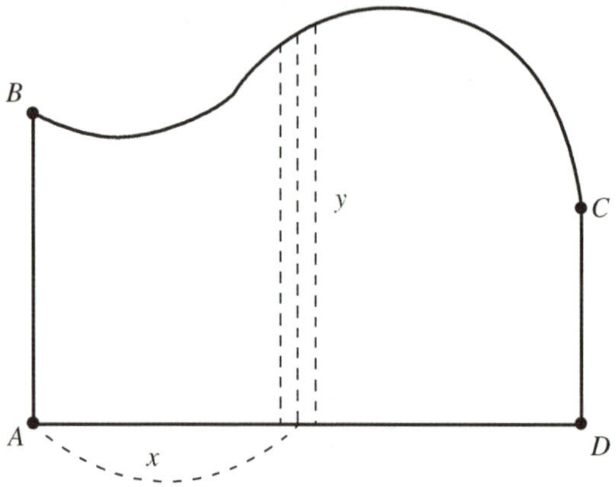

图 10 - 6

这样做下去，到了极限，就是说，小矩形的数目是无限多，而它们每一个的面积，便是无限小，这一群小矩形的和便是真实的面积 S。

但是，所谓数目无限，一些无限小的量的和，它的极限，照前节所讲过的，这就是积分。所以我们刚才所讲的例子，就是积分在几何上的运用。

所求的面积 S，就是 x 的函数 y 对 x 的积分。

换句话说，求一条曲线所切成的面积，必须计算那些连续的近似值，一直到极限，这就是所谓的积分。

到这里，为了要说明积分的原理，我们已举了两个例子：第一个是说明积分法就是微分法的还原，第二个是表示出积分法在几何学上的意味。将这些范围和形式都不相同的问题的解决法贯通起来，就可以明白积分法的意义，而且可以扩张它的使用的范围，不是吗？我们讲诱导函数的时候，也是一步一步地逐渐弄明白它的意义，同时也就扩张了它活动的领域。积分法既然是它的还原法，自然也可以照做了。比如说，前面我们只是用它来计算面积，但如果我们用它来计算体积，也一样。我们早就知道立方柱的体积等于它的长、宽、高相乘的积，假如我们所要求的那个物体的体积有一面是曲面，我们就可以先把它分成几部分，按照求立方柱的体积的方法，将它们的体积计算出来，然后将这几个积加在一起，这就是第一次的近似值了。

和前面一样，我们可以再将各部分细化，求第二次、第三次等的近似值。这些近似值，因为项数越分越多，每项的值越小，所以近似程度就逐渐加高。到了最后，项数增到无限多，每项的值变成了无限小，这些和的极限，就是我们所求的体积，这种方法就是积分。

十一 微分方程式

知识点提要

1. ________________

2. ________________

3. ________________

典型例题

____

____

在数学的园地中，微分法这个院落从建筑起来到现在，都在尽量地扩充它的地盘，充实它的内容，它真是与时俱进，越来越繁荣。它最初的基础虽简单，现在，离开那初期的简单的模样，已不知有多远了。它从创立到现在已经是两个世纪半，在这二百五十多年中，经过了不少高明工匠的苦心构思，便成了现在的蔚然大观。

很多数学家逐渐扩展它，使它一步步一般化，所谓无限小的计算，或叫作解析数学的这一支，就成了现在的情景：数学中占据了很广阔的地位，关于它的专门研究及一切的应用，也就不是一件容易弄清楚的事！

不过，要进一步去看里面的“西洋景”，这倒很难。毫不客气地说，若还像以前一样，离开许多数学符号，要想讲明白它，那简直是不可能的。因此，只好对不起，关于无限小的计算，我们可以大体讲一下，也就快收场了。但请你不要就此失望，下面所讲到的也还是一样重要。

从我们以前讲过许多次的例子看起来，所有关于运动的问题，都要用到微分法。因为一个关于运动的问题，它所包含着的已知或未知的条件，总不外是延续在某一定时间当中的空间的路程，它的速度和它的加速度，而这三个量又恰好由运动的法则和这条法则的诱导函数可以表明。

所以，知道了运动的法则，就可以求出合于这法则的速度以及加速度。现在假如我们知道一些速度及加速度，并且还知道要适合于它们所必须的一些不同的条件，那么，要表明这运动，就只差找出它的运动法则了。单只空空洞洞地说，总是不中用，仍然归到切实一点儿的地步吧。关于速度和加速度，彼此之间有什么条件，在数学上都是用方程式来表示，不过这种方程式和代数上所讲的普通方程式有些不同罢了。最大的不同就是它里面包含着诱导函数这个宝贝。因此，为了和一般的方程式划分门户，我们称它微分方程式。

在代数中，有了一个方程式，是要去找出适合于这方程式的数值来，这个数值我们叫它这方程式的根。

和这个情形相似，有了一个微分方程式，我们是要去找出一个适合于它的函数来。这里所谓“适合”是什么意思呢？说明白点儿，就是比如我们找出了一个函数，将它的诱导函数的值，代进原来的微分方程式，这方程式还能成立，那就叫作适合于这个方程式。而这个被找出来的函数，便称为这个微分方程式的积分。

代数里从一个方程式去求它的根叫作解方程式，对于微分方程式，要找适合于它的函数，我们就说是将这微分方程式积分。

还是来举一个非常简单的例子。

比如在直线上有一点在运动着的，它的加速度总是一个常数，这个运动的法则怎样呢？

在这个题目里，假设用 y'' 表示运动的加速度，c 代表一个一成不变的常数，那么我们就可以得到一个简单的微分方程式：

$$y''=c$$

你清楚地记得加速度就是函数的二次诱导函数，所以现在的问题就是找出一个函数，它的二次诱导函数恰好是 c。

这里的问题自然是最容易的，前面已经说过，一种均齐变化的运动的加速度是一个常数，但是若由数字上来找这个运动的法则，那就必须要将上面的微分方程式积分。

第一次，我们将它积分得：

$$y'=ct \text{（设变数是 } t\text{）}$$

你要问这个式子怎样来的？我不再说了，你看以前的例 $y''=c$ 是从一个什么式子微分来的，就可以知道。

不过，在这里有个小小的问题，照以前所讲过的诱导函数法算来，下面的两个式子都可以得出同样的结果 $y''=c$，

$$y'=ct$$

$$y'=ct+a \text{（} a \text{ 也是一个常数）}$$

这两个式子恰好差了一项（一个常数），我们总是用第二个，而把第一个当成一种特殊情形（就是第二式中的 a 等于零的结果）。那么，a 究竟是什么数呢？朋友！对不起，“有人来问我，连我也不知”。我只知道它是一个常数。

这就奇怪了，我们将微分方程式积分得出来的，还是一个不完全确定的回答！但是，朋友！这算不了什么，不用大惊小怪！你在代数里面，解二次方程式时通常就会得出两个根，若问你哪一个对，你只好说都对。倘使你所解的二次方程式，别人还另外给你一个什么限制，你的答案有时就只能容许有一个了。同这个道理一样，倘使另外还有条件，常数 a 也可以决定是怎么一回事。上面的两个式子当中，无论哪一个也还是一个微分方程式，再将这个微分方程式积分一次，所得出来的函数，便表示我们所要找的运动法则，即

$$y=\frac{c}{2}t^2+at+b\ （b\text{ 又是一个常数}）$$

无限小的计算，虽则我们所举过的例子都只是关于运动的，但物理现象实在是以运动的研究做基础，所以很多物理现象，我们要去研究它们，发现它们的法则，以及将这些法则表示出来，都离不了这无限小的计算。实际上，除了物理学外，别的科学用到它的地方也非常广阔，天文学、化学，这些不用说了，就是生物学和许多社会科学也要倚赖着它。实际上，现在要想走进学术的园地，恐怕除了做“月姐姐花妹妹”的诗，写“我爱你，你不爱我”的小说，和它不接触的机会总是很少的。

十二 数学究竟是什么

知识点提要

1. ________________

2. ________________

3. ________________

典型例题

____

____

在这一节里，我打算写些关于数学的总概念的话，不过我踌躇了许久，这些话写出来究竟好不好？现在虽然写了，但我并不确定写出来比不写好一些。其实呢，关于数学的园地这个题目，要动手写，要这样写，就是到了快要完结的现在，我仍然怀疑。

第一个疑问是：谁要看这样的东西？对于对数学感兴趣的朋友，自己走到数学的园地里去观赏，无论怎样，得到的一定比看完这篇粗枝大叶的文字多。至于对于数学没趣味的朋友，它却已经煞风景了，不是吗？假如我写的是甲男士遇到乙女士，怎样倾心，怎样拜倒，怎样追求，无论结果是好是坏，总可惹得一些人的心痒起来；倘若我写的是一位英雄的故事，他怎样热心救同胞，怎样忠于主义，怎样奋斗，无论他成功或失败，也可以引起一些人的赞赏、羡慕……数学无论如何总是叫人头痛的东西，谁会喜欢它？

第二个疑问：这样的写法，会不会反而给许多人一些似是而非的概念？

关于第一个疑问，我不想开口再说什么，只有这第二个疑问，却好像应该回应一下，这才对得起花费几个小时来看这篇文字的朋友！

数学是什么？它究竟是什么？

真要回答这个问题吗？对不住，你若希望得到的是一个完全合于逻辑的条件的答案，我却只好敬谢不敏①。说句老实话，只要有人回答得上来，我也要五体投地去请教他，而且将他的回答永远刻在我的肺腑里。那么，这里还能够说什么呢？我只想写几个别人的答案出来，这虽然不能使朋友满意，但从它们也可以知道一点儿数学的园地的轮廓吧！

远在亚里士多德时代以前的一个回答，也是所有的回答当中最通俗的一个，它是这样说的：

“数学是计量的科学。”

朋友，这个回答你能够满足吗？什么叫作量？怎样去计算它？假如我们说，测量和统计都是计量的科学，这大概不会有什么毛病吧！虽然它们的最后目的并不是只要求出一个量的关系来，但就它们的手段说，对于量的计算比较直接些。因此，到了孔德

---

① 敬谢不敏：恭敬地表示能力不够或不能接受。多用于做某事的推托之辞。谢，推辞。不敏，不聪明，没有才能。

（Auguste Comte）就将它改变了一下：

“数学是间接计量的科学。”

他要这样加以改变，并不是为了担心和测量、统计这些相混。实在有许多量是无法直接测定或计算的，比如天空中闪动的星星的距离和大小，比如原子的距离和大小，一个大得不堪，一个小得可怜，我们这些笨脚笨手的人是没法直接去测量它们的。

这个回答虽已进步了一点儿，它就能令我们满意吗？量是什么东西，这还是要解释的。先不去管它，我们姑且照常识的说法，给量一个定义。不过，就是这样，到了近代，数学的园地里增加了一些稀奇古怪的建筑，它也不能包括进去了。在那广阔的园地里面，有些新的亭楼、树立着的匾额，什么群论咧、投影几何咧、数论咧、逻辑的代数咧……这些都和量绝缘。

孔德的回答出了漏洞，于是又有许多人来加以修正，这要一个个地列举出来，当然不可能，随便举一个，即如皮尔斯（Peirce）：

“数学是引出必要的结论的科学。”

他的这个回答，自然包括得宽广了些，但是也还有问题，所谓“必要的结论”是一个什么玩意儿呢？这五个字这样排在一起，它的意思就非加以解释不可了。然而，他究竟怎样解释法，照他的解释能不能说明数学究竟是什么，这谁也不知道。

还有，从前数学的园地里面，都只是尽量地在各个院落中增加建筑、培植花木，即或另辟院落，也是向着前面开阔的地方去动手。近来却有些工匠异想天开地在后面背阴的地方要开辟出一条大道，通到相邻的逻辑的园地去。他们努力的结果，自然已有相当的成绩，但把一座数学的园地弄得五花八门，要解释它就更困难了。最终，对于我们所期待的问题的回答，回答得越多，越“糊涂”。罗素（Russell）更巧妙，简直像开玩笑一样，他说：

“Mathematics is the subject in which we never know what we are talking about nor whether what we are saying is true.”

我不翻译这句话了，假如你真要我翻译，那我想这样译法：“有人来问我，连我也不知。”你应该知道这两句话的来历吧！

数学究竟是什么？我想要列举出来的回答只有这么多。不是越说越惝恍，越说越不像样了吗？是的！虽不能简单地说明它，也就说明了它的一大半了！研究科学的人最喜欢给他所研究的东西下一个定义，所以冠冕堂皇的科学书，翻开第一页第一行就是定义，而且这些定义也差不多有一定的形式，用中国话说便是“研究”什么什么“的科学”。若要写个“洋文”调，那便是“X is the science which Y”。这一来，无论哪个人花了几毛钱或几块钱将那本书买到手，翻开一看非常高兴，用不了 5 分钟，便可将书放到箱子里去，说起那一门的东西，自己也就可以回答出它讲的是什么。

然而，这简直和卖膏药的广告没什么区别。只要把那本书读完，你就可以看出来，第一页第一行的定义简直是前几年限制兑现的中交票①。若是你多跑些地方，你还可以知道有些中、交两行的分行也拒绝收用那钞票。

朋友！这不是什么毛病，你不要失望！假如有一门科学，已经

---

① 新中国成立前中国银行与交通银行发行的钞票。

可以给它下一个悬诸国门不能增损一字的定义，也就算完事了。这正和一个人可以被别人替他写享年几十几岁一般，即使就是享年120岁，他总归已经躺在棺材里了。每天还能吃饭、睡觉的人，不能说他享年若干岁。每时每刻进步不止的科学，也没有人能说明它究竟是什么东西！越是身心健全的人，越难推定他的命运。越是发展旺盛的科学，越难有确定的定义。

不过，我们将这正面丢开暂且不谈，调转方向探究，数学的性质好像有一点是非常特别的，就是喜欢用符号。有0，1，2，…，9十个符号，以及“＋”“－”“×”“÷”“＝”五个符号，便能记通常的数。计算它们，仅仅用加、减、乘、除，计算不方便。我们又画一条线来隔开两个数，说一个是分母、一个是分子，这一来就有了分数的计算。接连下去，在运算方面我们又有了比例的符号，在记数方面我们又有了方指数和根指数。关于数的记法，这还是只是就算术说。到了代数，你知道的符号就更多了。到了微积分，其实也不过多几个符号而已。

数学之所以叫人头痛，大概就是这些符号在作怪。你把它看得活动，那它真活动，x 在这个方程式代表的是人的年龄，在那个方程式就会代表乌龟的脑袋。你要把它看得呆，那它真够呆，对着它看三天三夜，x 还只是 x，你解不出那个方程式，它不会来帮你的忙，也许还在暗中笑你蠢。

所谓数学家，依我说，就是一些能够支使符号的人物。他们写在数学书上的东西，说高深，自然是高深，真有些是不容易懂的，但假如不许他们用符号，他们就只好一筹莫展了！

所以数学这个东西，真要说得透彻些，离开了符号，简直没有办法说清楚。你初学代数的时候，总有些日子，对于 a，b，c，x，y，z 是想不通的，觉得它们和你用惯的 1，2，3，4，…有些区别。自然，说它们完全一样，是有点儿靠不住的，你去买白菜，说要 x 斤，别人只好鼓起两只眼睛瞪着你。但你用惯了，做起题来，也就不会感到它们有什么差别了。

数学就是这么一回事，这篇文章里虽然尽量避去符号的运用，但只是为了那些不喜欢或是看不惯符号的朋友说一些数学的概念，所以有些非用符号不可的东西，只好不说了！

朋友！你若高兴，想在数学的园地里玩耍的话，请你多多练习使用符号的能力。你见到一个人直立着，两手向左右平伸，不要联想到那是钉死耶稣的十字架，你就想象他的两臂恰好是水平线，他的身体恰好是垂直线。假如碰巧有一只苍蝇从他的耳边斜飞到他的手上，那更好，你就想象它是在那里运动的一点，它飞过的路线便是一条曲线。这条曲线表示一个函数，可以求它的诱导函数，又可以求这诱导函数的诱导函数，这就是苍蝇飞行的速度和加速度了！

十三 集合论

知识点提要

1. ______________________________

2. ______________________________

3. ______________________________

典型例题

____

____

科学的进展，有一个共通且富有趣味的倾向，这就是，每一种科学诞生以后，科学家便拼命地使它向前发展，正如大获全胜的军人遇见敌人总要穷追到山穷水尽一般。穷追的结果，自然可以得到不少战利品，但后方空虚却也是很大的危险。一种科学发展到一定程度，要向前进取，总不如先前容易，这是从科学史上可以见到的。因为前进感到吃力，于是有些人自然而然地会疑心到它的根源上面去。这样一来，就要动手考查它的基础和原理了。前节不是说过吗？在数学的园地中近来就有人在背阴的一面去开垦。

一种科学恰好和一个人一样，年轻的时候，生命力旺盛，只知道按照自己的浪漫思想往前冲，结果自然进步飞快。在这个时期，谁还有那么从容的工夫去思前想后，回顾自己的来路和家属呢？一直奋勇前进，只要不碰壁，绝不愿掉头。一种科学从它的几个基本原理或法则建立的时候起，科学家总是替它开辟领土，增加实力，使它光芒万丈、傲然自大。

然而，上面越阔大，下面的根基就必须越牢固，不然头重脚轻，岂不要栽跟头？所以，对于营造科学园地，到了一个范围较大、内容繁多的时候，建筑师对于添造房屋就逐渐慎重、踌躇起来。倘使没有确定它的基石牢固到什么程度，扩大的工作便不敢贸然动手。这样，开始将他们的事业转一个方向去进行：将已经做成的工作全部加以考查，把所有的原理拿来批评，将所用的论证拿来估价，仔细去证明那些用惯了的、极简单的命题。他们对于一切都怀疑，若不是重新经过更可靠、更明确的方法证明那结果并没有差异，即使是已经被一般人所承认的，他们也不敢遽然①相信。

一般来说，数学的园地里的建筑都比较稳固，但是许多工匠也开始怀疑它，并从根底着手考查了。就是大家都深信不疑的已知的简单的证明，也不一定就可以毫不怀疑。因为推证的不完全或演算的错误，不免会混进一些错误到科学里面去。重新考查，确实有这个必要。

为了使科学的基础更加稳固，将已用惯的原理重新考订，这是非常重要的工作。无论是数学还是别的科学，它的进展中常常会添加一些新的意义进去，而新添加的意义又大半是全凭直觉。因此有

---

① 遽（jù）然：突然，猛然。

些若是严格地加以限定，就变成不可能的了。比如说，一个名词，我们在最初给它下定义的时候，总是很小心、很精密，也觉得它足够完整了。但是用来用去，它所解释的东西，不自觉地逐渐变化，结果简直和它本来的意义大相悬殊。我来随便举一个例子，在逻辑上讲到名词的多义的时候，就一定讲出许多名词，它的意义逐渐扩大，而许多词义又逐渐缩小，只要你肯留心，随处都可找到。“墨水”，顾名思义，就是把黑的墨溶在水中的一种液体，但现在我们却常说红墨水、蓝墨水、紫墨水等。这样一来，墨水的意义已全然改变。对于旧日用惯的那一种词义，倒要另替它取个名字叫黑墨水。墨本来是黑的，但事实上，必须在它的前面加一个形容词“黑”，可见现在我们口中所说的“墨”，已不一定含有“黑”这个性质了。日常生活上的这种变迁，在科学上也不能避免，不过没有这么明显罢了。

其次，说到科学的法则，最初建立它的时候，我们总觉得它若不是绝对的，而是相对的，在科学上的价值就不大。但是我们真能够将一条法则拥护着，使它永远享有绝对的力量吗？所谓科学上的法则，它是根据我们所观察的或实验的结果归纳而来的。人力是有限的，哪能把所有的事物都观察到或实验到呢？因此，我们不曾观察到和实验到的那一部分，也许就是我们所认为绝对的法则的死对头。科学是要承认事实的，所以科学的法则，有时就有例外。

我们还是来举例吧！在许多科学常用的名词中，有一个名词，它的意义究竟是什么，非常不容易严密地规定，这就是所谓“无限”。

抬起头望天空，白云的上面还有青色的云，有人问你："天外是什么?"你只好回答他"天外还是天，天就是大而无限的"。他若不懂，你就要回答，天的高是"无限"。暗夜看闪烁的星星挂满了天空，有人问你，它们究竟有多少颗，你也只好说"无限"。然而，假如问你"无限"是什么意思呢？你怎样回答？你也许会这样想，就是数不清的意思。但我却要和你纠缠不清了。你的眉毛数得清吗？当然是数不清的。那么你的眉毛是"无限"的吗？"无限"和"数不清"不完全一样，是不是？所以在我们平常用"无限"这个词时，确实含有一种不能理解或者说不可思议的意思。换句话说，就是超越我们的智力，简直是我们的精神的力量的极限。要说它奇怪，实在比上帝和"无常"还奇怪。假如真有上帝，我们知道他会造人，会奖善罚恶，而且可以大概想象出他的样子，因为人是照着他的模样造出来的。至于"无常"，我们知道他很高，知道他戴着高帽子，知道他穿着白衣服，知道他只有夜晚才出来，知道他无论天晴、下雨手里总拿着一把伞。呵！这是鬼话，上帝、无常我不曾见过，但是无论哪个人说到他，都能说出点眉目。至于"无限"，有谁能描摹一下呢？

"无限"真是一个神奇的东西，平常说话会用到它，文学、哲学上也会用到它，科学上那就更不用说了。不过，平常说话本来全靠彼此心照，不必太认真，所以马虎一点儿满不在乎。就是文学上，也没有非要给出一个精确的意思的必要。在文学作品里，十有八九是夸张，"白发三千丈"，李白的个儿究竟有多高？但是在哲学上，就因为它的意义不明，所以常常出岔子，在数学上也就时时生出矛盾。

在数学的园地中，对于各色各样的东西，我们大都眉目很清楚，却被这“无限”征服了。站在它的面前，总免不了要头昏眼花，它是多么神秘的东西啊！

虽是这样，数学家还是不甘屈服，总要探索一番，这里便打算大略说一说，不过请先容许我来绕一个弯儿。

这一节的题目是“集合论”，我们就先来说“总集”这个词在这里的意义。比如有些相同的东西或不相同的东西在一起，我们只计算它的件数，不管它们究竟是什么，这就叫它们的“总集”。比如你的衣兜里放有3个“袁头币”①、5只“八开”和12个铜子，不管三七二十一，我们只数它叮叮当当响着的一共是20个，这20就称为含有20个单元的总集。至于这单元的性质我们不必追问。又比如你在教室里坐着，有男同学、女同学和教师，比如教师是1个，女同学是5个，男同学是14个，那么，这个教室里教师和男女同学的总集，恰好和你衣兜里的钱的总集是一样的。

总集，现行教材称为整数集，用**Z**表示。下面的“单元”，现行教材称为元素。

朋友！你也许正要打断我的话，向我追问了吧？这样混杂不清的数目有什么用呢？是的，当你学算术的时候，你的先生一定很认真地告诉你，不是同种类的量不能加在一起，3个男士加5个女士得出8来，非男非女，又有男又有女，这是什么话？3个“袁头币”

① 袁头币、八开、铜子等，都是民国时期货币单位的俚称。

加 5 只“八开”得出 8 来，这又算什么？算术上总叫你处处小心，不但要注意到量要同种类，而且要同单位才能加减。到了现在我们却不管这些了，这有什么用场呢？

它的用场吗？真是太大了！我们就要用它去窥探我们难理解的“无限”。其实，你会起那样的疑问，实在由于你太认真而又太不认真的缘故。你为什么把“袁头币”“八开”“铜子”“男”“女”“学生”“教师”的区别看得那么大呢？你为什么不从根本上去想一想，“数”本来只是一个抽象的概念呢？我们只关注这抽象的数的概念的时候，你衣兜里的东西的总集和你教室里的人的总集，不是一样的吗？假如你衣兜的钱，并不预备拿去买什么吃的，只用来记一个对你来说很重要的数，那么它不就够资格了吗？“20”这个数就是含有 20 件单元，而不管它们的性质，所得出来的“总集”。

数的发生可以说是由于比较，所以我们就来说“总集”的比较法。比如在这里有两个总集，一个含有 15 个单元，我们用 $E15$ 表示，另外一个含有 10 个单元，用 $E10$ 表示。

现在来比较这两个“总集”，对于 $E10$ 当中的各个单元，都以 $E15$ 当中取一个来和它成对，这是可以做到的，是不是？但是，假如对于 $E15$ 当中的各个单元，都从 $E10$ 当中取一个来和它成对，做到第十对，就做不下去了，只好停止了。可见，掉一个头是不可能的。在这种情形的时候，我们就说：

“$E15$ 超过 $E10$。”

或是说：

“$E15$ 包含 $E10$。”

或者说得更文气一些：

“$E15$ 的次数高于 $E10$ 的。”

假如另外有两个总集 Ea 和 Eb，虽然我们“不知道 a 是什么”，也“不知道 b 是什么”，但是我们不仅能够对于 Eb 当中的每一个单元，都从 Ea 中取一个出来和它成对，而且能够对于 Ea 当中的每一个单元都从 Eb 中取一个出来和它成对。我们就说，这两个总集的次数①是一样，它们所含的单元的数相同，也就是 a 等于 b。前面不是说过你衣兜里的钱的总集和你教室里的人的总集一样吗？你可以从衣兜里将钱拿出来，分给每人一个。反过来，每个钱也能够不落空地被人拿去。这就可以说这两个总集一样，也就是你的钱的数目和你教室里的人的数目相等。

我想，你看了这几段一定会笑得岔气的，这样简单明了的东西，还值得一提吗？不错，$E15$ 超过 $E10$，$E20$ 和 $E20$ 一样，3 岁大的小孩子都知道。但是，朋友！你别忙啦！这只是用来做例，说明白我们的比较法。因为数目简单，两个总集所含单元的数，你通通都知道了，所以觉得很容易。但是这种比较法，就是对于不能够知道它所含的单元的数的也可以使用。我再来举几个通常的例子，然后回到数学的本身上去。

你在学校里，口上总常讲“师生”两个字，不用说耳朵里也常听得到。“师”的总集和“生”的总集（不止就一所学校说）就不一样。古往今来，“师”的“总集”和“生”的“总集”是什么，

① 次数指总集中所含元素的个数。

没有人回答得出来。然而，我们却可以想得到，每一个“师”都给他一个“生”要他完全负责任这是可能的。但若要每一个“生”都替他找一个专一只对他负责任的“师”那就不可能了，所以这两个总集不一样。因此，我们就可以说“生”的总集的次数高于“师”的总集的。再举个例子，比如父和子，比如长兄和弟弟，又比如伟人和丘八①，这些两个两个的总集都不一样。要找一个总集相等的例子，那就是夫妻俩，虽然我们并不知道全世界有多少个丈夫和多少个妻子，但有资格被称为丈夫的必须有一个妻子伴着他（小老婆在这里不算她和男子是夫妻关系）。反过来，有资格被人称为妻子的，也必须有一个丈夫伴着她。所以无论从哪一边说，“一对一”的关系都能成立。

好了！来说数学上的话，来讲关于“无限”的话。

我们来想象一个总集，含有无限个单元，比如整数的总集：

1，2，3，4，5，…，n，$(n+1)$，…

这是非常明白的，它的次数比一切含有有限个数单元的总集都高。我们现在要紧的是将它和别的无限总集比较，就用偶数的总集吧：

2，4，6，8，10，…，$2n$，$(2n+2)$，…

这就有些趣味了。照我们平常的想法，偶数只占全整数的一半，所以整数的无限总集当然比偶数的无限总集次数要高些，不是吗？10个连续整数中，只有5个偶数，100个连续整数中也不过50

① 旧时称兵（“丘”字加“八”字成为“兵”字，含贬义）。

个偶数，就是 10 000 个连续整数中也还不过 5 000 个偶数，总归只有一半。所以要成“一对一”的关系，似乎有一面是不可能的。然而，你错了，你不能单凭有限的数目去想，我们现在是在比较两个无限的总集呀！“无限”总有些奇怪！我们试将它们一个对一个地排成两行：

1，2，3，4，5，…，n，$(n+1)$，…

2，4，6，8，10，…，$2n$，$(2n+2)$，…

因为两个都是“无限”的缘故，我们自然不能把它们通通都写出来。但是我们可以看出来，第一行有一个数，只要用 2 去乘它就得出第二行中和它相对的数来。掉一个头，第二行中有一个数，只要用 2 去除它，也就得出第一行中和它相对的数来。这个“一对一”的关系不是无论用哪一行做基础都可能吗？那么，我们有什么权利来说这两个无限总集不一样呢？

整数的无限总集，因为它是无限总集中最容易理解的一个，又因为它可以由我们一个一个地列举出来（由于永远举不尽），所以我们替它取一个名字叫“可枚举的总集”（L’ensenmble dénombrale）。我们常常用它来做无限总集比较的标准，凡是次数和它相同的无限总集，都是“可枚举的无限总集”——单凭直觉也可以断定，整数的无限总集在所有的无限总集当中是次数最低的一个，它可以被我们用来做比较的标准，也就是这个缘故。

在无限总集当中，究竟有没有次数比这个“可枚举的无限总集”更高的呢？我可以很爽快地回答你一个“有”字。不但有，而且想要多少就有多少。从这个回答中，我们对于“无限”算是有些认识了，不像以前一样模糊了。这个回答，我供认不讳地说，也是听来的。康托尔（Cantor）是最初提出它来的，这已是三十多年前的事了。在数学界，他是值得我们崇敬的人物，他所创设的集合论，不但在近代数学中占了很珍贵的几页，还开辟了数学进展的一条新路径，使人不得不对他铭感五内！

人间的事，说来总有些奇怪，无论什么，不经人道破，大家便很懵懂。一旦有人凿穿，顿时人人都恍然大悟了。在康托尔以前，我们只觉得无限就是无限，吾生也有涯①，弄不清楚它就算了。但现在想起来，实在有些可笑，无须什么证明，我们有些时候也能够感觉到，无限总集是可以不相同的。

又来举个例子：比如前面我们用来决定点的位置的直线，从 O 点起，尽管伸张出去，它所包含的点就是一个无限总集。随便想去，我们就会觉得它的次数要比整数的无限总集的高，而从别的方面证明起来，也验证了我们的直觉并没有错。这样说来，我们的直觉很值得信赖。但是，朋友！你不要太乐观呀，在有些时候，纯粹的直觉就会叫你上当的。

你不相信吗？比如有一个正方形，它的一边是 AB，我问你，整个正方形内的点的总集，是不是比单只一边 AB 上的点的总集的次数要高些呢？凭我们的直觉，总要给它一个肯定的回答，但这你上当了，仔细去证明，它们俩的次数恰好相等。

总结以上的话，你记好下面的基本定理：

---

① 意为人生是有限的。

"若是有了一个无限总集，我们总能够做出一个次数比它高的来。"

要证明这个定理，我们就用整数的总集来做基础，那么，所有可枚举的无限总集也就不用再证明了。为了说明简单些，我只随意再用一个总集。

照前面说过的，整数的总集是这样：

1，2，3，4，5，…，n，$(n+1)$，…

就用 E 代表它。

凡是用 E 当中的单元所做成的总集，无论所含的单元的数有限或无限，都称它们为 E 的"局部总集"，所以：

17，25，31，…

2，5，8，11，…，$2+3(n-1)$，…

1，4，9，16，…，n^2，…

这些都是 E 的局部总集，我们用 P_n 来代表它们。

第一步，凡是用 E 的单元能够做成的局部总集，我们都将它们做尽。

第二步，我们就来做一个新的总集 C，C 的每一个单元都是 E 的一个局部总集 P_n，而且所有 E 的局部总集全都包含在里面。这样一来，C 便成了 E 的一切局部总集的总集。

你把上面的条件记清楚，我们已来到要证明的重要地步了。我们要证明 C 的次数比第一个总集 E 的高。因此，还要重复说一次，比较两个总集的法则，你也务必将它记好。

我们必须要对于 E 的每一个单元都能从 C 当中取一个出来和它

成对。实际上，只要依下面的方法配合就够了：

1，2，3，…，n，…（E）

（1，2）（2，3）（3，4）…（n，$n+1$）…（C 的一部分）

从这样的配合法中可以看出来，第二行只用到 C 单元的一部分，所以 C 的次数或是比 E 的高或是和 E 的相等。

我们能不能转过头来，对于 C 当中的每一个单元都从 E 当中取出一个和它成对呢？

假如能做到，那么 E 和 C 的次数是相等的。

假如不能做到，那么 C 的次数就高于 E 的。

我们无妨就假定能够做到，看会不会碰钉子！

算这种配合法的方法是有的，我们随便一对一对地将它们配合起来，写成下面的样子：

P_1，P_2，P_3，…，P_n，…（C）

1，2，3，…，n，…（E）

单就这两行看，第一行是所有的局部总集，就是所有 C 的单元都来了（因为我们要这样做）。第二行却说不定，也许是一切的整数都有，也许只有一部分。因为我们是对着第一行的单元取出来的，究竟取完了没有还说不定。

这回，我们来一对一地检查一下，先从 P_1 和它的对儿 1 起。因为 P_1 是 E 的局部总集，所以包含的是一些整数，现在 P_1 和 1 的关系就有两种：一种是 P_1 里面有 1，另一种是 P_1 里面没有 1。假如 P_1 里面没有 1，我们将它放在一边。跟着来看 P_2 和 2 这一对，假如 P_2 里就有 2，我们就把它留着。照这样一直检查下去，把所有

的 P_n 都检查完，凡是遇见整数 n 不在它的对儿当中的，都放在一边。

这些检查后另外放在一边的整数，我们又可做成一个整数的总集。朋友！这点你却要注意，一点儿马虎不得！我们检查的时候，因为有些整数它的对儿里面已有了，所以没有放出来。由此可见，我们新做成的整数总集不过包含整数的一部分，所以它也是 E 的局部总集。但是我们前面说过，C 的单元是 E 的局部总集，而且所有 E 的局部总集全部包含在 C 里面了，所以这个新的局部总集也应当是 C 的一个单元。用 P_1 来代表这个新的总集，P_1 就应当是第一行 P_n 当中的一个，因为第一行是所有的单元都排在那儿的。

既然 P_1 已经应当站在第一行里了，就应当有一个整数或是说 E 的一个单元来和它成对。

假定和 P_1 成对的整数是 t。

朋友！糟了！这就碰钉子了！你若还要硬撑场面，那么再做下去。

在这里，我们又有两种可能的情况：

第一种，t 是 P_t 的一部分，但是这回真碰钉子了。P_t 所包含的单元是在第一行中成对儿的单元所不包含在里面的整数，而 P_t 自己就是第一行的一个单元，这不是矛盾吗？所以 t 不应当是 P_t 的一部分，这就到了下面的情况。

第二种，t 不是 P_t 的一部分，这有可能把钉子避开吗？不行，不行，还是不行。P_t 是第一行的一个单元，t 和它相对又不包含在里面，我们检查的时候，就把它放在一边了。朋友，你看，这多么糟！既然 t 被我们检查的时候放在了一边，而 P_t 就是这些被放在一边的整数的总集结果，t 就应当是 P_t 的一部分。

这多么糟！照第一种说法，t 是 P_t 的一部分，不行；照第二种说法，t 不是 P_t 的一部分也不行。说来说去都不行，只好回头了。在 E 的单元当中，就没有和 C 的单元 P_t 成对的。朋友，你还得注意，我们将两行的单元配对，原来是随意的，所以要是不承认 E 的单元里面没有和 P_t 配对的，这种钉子无论怎样我们都得碰。

第一次将 E 和 C 比较，已知道 C 的次数必是高于 E 的或等于 E 的。现在比较下来，E 的次数不能和 C 的相等，所以我们说 C 的次数高于 E 的。

归到最后的结果，就是我们前面所说的定理已证明了，有一个无限总集，我们就可做出次数高于它的无限总集来。

无限总集的理论，也有一个无限的广场展开在它的面前！

我们常常都能够比较这一个和那一个无限总集的次数吗？

我们能够将无限总集照它们次数的顺序排列吗？

所有这一类的难题以及其他关于"无限"的问题，都还没有在这个理论当中占有地盘。不过这个理论既然已经具有相当的基础，又逐渐往前进展，这些问题总有解决的一天，毕竟现在我们对于"无限"不会像从前一样感到惊奇不可思议了！

老实说，数学家无论对于做这个理论的基础的一些假定，或是对于从里面探究出来的一些悖论的解释都还没有全部的理解。

然而，我们不用感到吃惊，一种新的理论产生正和一个婴儿的诞生一样，要他长大做一番惊人的事业，养育和保护都少不了！

附录一 中国数学发展简史

知识点提要

1. ____________________
2. ____________________
3. ____________________
4. ____________________
5. ____________________

翻开任何一部中国数学发展史，都可以发现，华夏祖先每前进一步，都伴随着辛勤的汗水。中国数学起源于上古至西汉末期，全盛时期是隋中叶至元后期。接下来在元后期至清中期，中国数学发展缓慢。就在中国数学发展缓慢时，西方数学已赶超，于是在中国数学发展史上出现了一个中西数学发展的融合期，这一时期为 1840 年至 1911 年。近代数学的开端主要集中在 1911 年至 1949 年这一时期。

1. 起源介绍

古希腊学者毕达哥拉斯（前 580 至前 570 之间—约前 500）说过一句名言："凡物皆数。"的确，一个没有数的世界是不可思议的。

今天，人们对从 1 数到 10 这样的小事会嗤之以鼻，然而，上万年以前，这事可让人们绞尽脑汁。在 7000 年以前，人们甚至连 2 以上的数字都数不上来，如果要问他们捕到的 8 只野兽是多少，他们会回答："非常多。"如果当时有人能数到 10，那一定会被认为奇才。后来人们慢慢把数字和双手结合在一起。每只手各拿一件东西，就是 2。可数到 3 时又被难倒了，于是把第 3 件东西放在脚边，"难题"才得以解决。

就这样，中华民族的祖先在混混沌沌的数学世界中慢慢摸索着。

先是结绳记数，随后发展到"书契"，五六千年前就会写数字 1 到 30，到了 2000 多年前的春秋时代，祖先不仅能写 3000 以上的数字，还有了加法和乘法的意识。如周"曶鼎"① 中记载："东宫遒曰：偿曶禾十秭，遗十秭为廿秭。来岁弗偿，则付卌秭。"这段话反映了一个利滚利的问题。意思是，借了 10 捆粟子，如果晚点儿还，就从借时的 10 捆变为 20 捆。如果明年再还，就从借时的 10 捆变为 40 捆。用数学式子表达是：

$$10+10=20$$

$$20\times2=40$$

除了在记数和算法上有了突飞猛进的进步外，中华民族的祖先还开始把一些数字知识记载在书上。春秋时代孔子（前 551—前 479）修订过的古典书籍《周易》中，就出现了八卦。在今天，这

---

① 曶（hū）鼎：西周中期的青铜器。

神奇的八卦不管是在中国还是在外国依旧是人们努力研究的对象，它在数学、天文学、物理学等方面都发挥着不可估量的作用。

到了战国时期，数学知识已经不局限于会数 1 到 3000 的水平。这一阶段人们在算术、几何，甚至在现代应用数学领域，都有了新的收获。算术领域，确立了四则运算，在《管子》《荀子》《周易》等著作中零星出现乘法口诀，在种植农作物、分配粮食等方面广泛应用分数计算。几何领域，出现了勾股定理。代数领域，出现了负数概念的萌芽。最令后人惊异的是，在这一时期，“对策论”开始产生，对策论是现代应用数学领域的问题。它是运筹学的一个分支，主要是用数学方法来研究有利害冲突的双方，在竞争性活动中，自己是否存有制胜对方的最优策略，以及如何找出这些策略等问题。这一数学分支是在 20 世纪第二次世界大战期间或以后才作为一门学科形成的，孙膑的“斗马术”是我国古代运筹思想的一个著名范例：齐王与大将田忌赛马，约定双方各从上、中、下三个等级的马中选一匹参赛。就同等级而言，田忌的马都比齐王的马略逊一筹，看似必输无疑。孙膑献策：以下马对齐王上马，以中马对齐王下马，以上马对齐王中马。最终田忌以一负两胜而获胜，赢千金。

看到这儿，你也觉得我们的祖先非常聪明吧？

跟随历史的车轮来到秦汉时期，这时祖先不再往骨头上刻字了。他们用毛笔把需要记的事写在竹片或木片上，这种写了字的竹片或木片被称为“简”或“牍”。这种简或牍数西汉时期流传下来的最多。

从那些秦汉时期的汉简可以看出，在算术方面，乘除法算例明显增多，还出现了多步乘除法和接近完整的九九乘法口诀。在几何方面，关于几何图形面积的计算以及体积计算的知识也具备了。

这个时期最值得一提的要属算筹和十进位制系统了。有了它们，祖先就不再为没有合适的计算手段而一筹莫展了。在我国古代，直到唐朝以前，一直使用这套计算系统。

算筹的确切起源时间至今无从考证，只知道，大约在秦汉时期，算筹已经形成制度了。

要明白算筹是怎么回事，要先知道什么叫筹。筹就是一些直径1分、长6分的小棍儿，这些小棍儿的材料有竹、木、骨、铁、铜等。它的功用与算盘珠相似。关于如何使用筹，根据记载是这样的：在计算时，将筹摆于特制的几案上，或随心所欲摆放都可以。对于5以下的数字，是几就放几根筹，而对于6到9这4个数字，则需要用一根横放或竖放的筹当5，剩下的数仍是有几摆几根筹。

为了方便计算，古人规定了纵横表示法。纵表示法用于个、百、万位数字；横表示法用于十、千位数字。遇到零时，就空一位。

十进位制系统正是我们现在使用的逢十进一法。即为对于正整数或正小数来说，以十为基础，逢十进一，逢百进二，逢千进三等。十进位制系统的产生，为四则运算的发展营造了良好的条件。

2. 发展繁荣时期

中国数学发展繁荣时期大约在西汉末期至隋朝中叶。这是中国数学理论的第一个高峰期，这个高峰期的标志就是数学专著《九章算术》的诞生。至少有1800年的《九章算术》，作者及编纂者至今无从考证。史学家只知道，它是中国秦汉时期一二百年的数学知识结晶，到公元1世纪开始流传使用。

这本书共分为九章：

(1) 方田（平面几何图形面积的计算方法；分数的四则运算法则；求分子、分母、最大公约数等方法）。

(2) 粟米（谷物粮食的按比例折换；比例算法）。

(3) 衰分（比例分配问题）。

(4) 少广（开平方、开立方的方法）。

(5) 商功（体积计算；工程分配方法）。

(6) 均输（合理摊派赋税）。

(7) 盈不足（即双假位法）。

(8) 方程（一次方程组解法；正负数）。

(9) 勾股（勾股定理的应用；简单的测量问题的解法）。

全书收录了246道数学应用题，每道题都分为问、答、术（术，解法。有的题有一术，有的题有多术）三部分，每章的内容都与社会生产有着密切联系。

这本书的诞生，不仅说明中国古代完整的数学体系初具规模，而且在当时的世界上，也很难找到一本能与之媲美的数学专著。

在这一数学理论发展的高峰期，除了《九章算术》这部巨著之外，还出现了《海岛算经》《孙子算经》《夏侯阳算经》《张丘建算经》和祖冲之的《缀术》等数学专著。

这一时期，三国人赵爽、魏晋人刘徽和南朝人祖冲之在数学领域做出的贡献尤为突出。

3. **全盛时期**

中国数学的全盛时期是隋中叶至元后期。

任何一个国家科学的发展，都离不开相对稳定的社会环境和雄厚的经济基础。从隋朝中叶到元代末年，统治者总结了历代王朝衰败的教训，采取了一系列开明政策，经济得到了迅猛发展，科学技术也得到了极大提升，而作为科学技术一部分的数学，与此同时进入了它的全盛时期。

在这一时期，最主要的特点是数学教育的正规化和数学人才涌现。

隋以前，学校里的教育并不重视数学，所以没有开设数学专业。而到了隋朝，这一局面被打破了，在相当于大学的学校里，开始增设算学专业。到了唐朝，最高学府国子监还开设了算学馆，专门培养数学人才，其中博士、助教应有尽有。这时，数学教育的受重视，在选官问题上也有所体现。据古书《唐阙史》记载：唐朝有位大官叫杨损，有学问，会数学，还能任人唯贤。有一天，朝廷要在两个小官吏中提拔一个做大官，因为这两个人情况不相上下，所以负责提升工作的官吏感到为难，便去请教杨损。杨损略加思索便说："一个官员应该具备的一大技能就是速算，让我出题考考他们，谁算得既快又准就提拔谁。"两个小官吏被召来后，杨损出了一道题："有人在林中散步，无意中听到几个强盗在商讨如何分赃。这些强盗说，如果每人分 6 匹布，则余 5 匹；每人分 7 匹布，则少 8 匹。试问共有几个强盗？几匹布？”听完题目后，一个小官吏很快得出了答案：13 个强盗，83 匹布。最后，他被提升了。那个没有被提升的小官吏也心服口服。

有了数学专业，就少不了配套的教材。这个时期，唐朝数学家李淳风（602—670）等人奉命，经过研读、筛选，制定出国子监算学馆专用教材。这套教材名叫《算经十书》，全套共十部：《周髀算经》《九章算术》《孙子算经》《五曹算经》《夏侯阳算经》《张丘建算经》《海岛算经》《五经算术》《缀术》《缉古算经》。

对于这套专业教材，国子监还规定了学习年限，建立了每月一考的制度。数学教育从此逐步走向完善。

在日渐完善的数学教育制度下，涌现了一批留芳千古的数学泰斗，他们是：王孝通、刘焯、一行、沈括、李冶、贾宪、杨辉、秦九韶、郭守敬、朱世杰……

自古以来，科学就是全人类的共同财富，朝鲜、日本得知消息后开始往中国派留学生、书商。经过一段时间的学习，在算法上，引进了关于田亩、交租、谷物交换等知识；在办学中，汲取了国子监的课程设置和考试制度。由此看来，在这一阶段，中国已处于世界数学发展的前列。

4. 缓慢发展时期

接下来在元后期至清中期，中国数学发展缓慢，和上面提到的数学盛世相比，这一阶段几乎黯淡无光。

从宋朝末年到元朝建立中央集权制，中华大地上战火不断，科学技术没有受到重视，大量宝贵的数学遗产损失惨重。

明朝建立以后，经济曾在短暂时期内有所发展，但由于封建统治的腐败，马上走向了没落，直到清朝初年才有所好转。

处在这样一种政治腐败、经济落后、农民起义频繁出现的环境中，数学发展缓慢也是意料之中的事。

然而，世界发展的潮流从来都是不等人的，趁中国数学衰落的当儿，西方数学偷偷追赶上来，并开始渗入中国。

当西方资本主义开始萌芽的时候，为了寻求发展，天主教传教士、海盗、商人不约而同地涌入中国。他们除了从中国带走了原料、市场、廉价劳动力外，也带来了一些科技、文化知识。

16 世纪到 18 世纪，以利玛窦（1552—1610）为代表的西方传教士来华传教，同时带来西方科技、文化等。在 1583 年至 1599 年，他游走在中国肇庆、韶州、南昌、南京等地，结识了很多中国著名学者，如李贽、徐光启、李之藻等人。这些人不甘于空谈理学，怀有富国强兵的远大抱负，因此他们迫切希望掌握世界上的最新科技。而利玛窦的到来，毫无疑问起到一拍即合的作用。

利玛窦与徐光启、李之藻分别合译了两部数学著作：《几何原本》《同文算指》。其中，《几何原本》文字通俗，鲜有疏漏。虽然当时原著中的拉丁文没有现成的中国词汇可以对照，但是徐光启仍然克服困难，创造出许多合适的译名，使全书达到准确无误、通顺畅达、优美自然的水平。

从利玛窦与中国学者合译专著开始，西方科技、文化的影响力越来越大。

那么，这个时期中国数学特有的是什么呢？是珠算。

隋唐时期，人们已经开始在改进算筹上下功夫了。他们想方设法简化算筹、编口诀……然而，在发展迅猛的数学领域中，算筹被其他算法代替也是情理之中的事。

元朝末期，小巧玲珑的算盘出现了。人们看着这计算便捷、携带方便的新工具欣喜若狂，甚至在俗语、诗歌、唱词中频频出现它的名字。

算盘的出现，使珠算口诀和珠算法书籍应运而生。16—17 世纪，在中国大量的有关珠算的书籍中，程大位的《直指算法统宗》脱颖而出。珠算普及后，算筹便石沉大海了。

就在中国人发明珠算后不久，1642 年，19 岁的法国数学家巴斯加①发明了世界上最早的计算机。现在，虽然已进入了计算机时代，但是珠算仍有它的一席之地。有人试过，在加减法运算中，它的速度并不比小型计算器慢。

5. 中西融合期

在中国数学发展缓慢时，西方数学已赶超，紧接着在中国数学发展史上出现了一个中西数学发展的融合期，这一时期约为 1840 年至 1911 年。

---

① 巴斯加：今译作帕斯卡，法国人，它发明的计算机是机械式加法计算器。

前面提到过，16 世纪前后，西方传教士带来了一些新的数学知识。虽然有些洋人抱有其他目的，但不管怎么说，新知识能传进来，这对中国数学的发展总是有推动作用的。然而，1723 年清朝雍正皇帝登基时，有人提出大批传教士在华不利于统治。皇帝思索再三，于是下令，除了少数在中国编制新历法的外国人之外，其他传教士一律驱逐出境。

这一命令带来的影响是，在以后大约 100 年的时间里，西方的数学知识无法传播进来。中国数学家只好把目光从学习西方新知识转回到研究自己的原有成果。

古代数学好转的态势没持续多久，鸦片战争失败了，闭关锁国的局面被迫打开，帝国主义列强纷纷进来瓜分中国，中国开始沦为半殖民地、半封建社会。

19 世纪 60 年代开始，为了维护清政府的统治，曾国藩、李鸿章等人发起了洋务运动。这时，以李善兰、徐寿、华蘅芳为代表的一批知识分子，作为数学家、科学家、工程师参与了引进西学、兴办工厂、学校等活动。经过他们的艰苦奋斗，近代科技、近代数学在中国得以发展。

甲午中日战争中，北洋海军全军覆没，标志着清朝海军实力的完全丧失，也标志着 35 年的“洋务运动”宣告破产。但工厂、铁路、学校却保留了下来，科技知识也在一定范围内得以传播。

这一时期的特点是中西融合。所谓中西融合，并不是全盘西化，数学工作者在研究传统数学的同时，也汲取新的方法。在短时间内，出现了人才辈出、著述如林的局面。

这时，中国数学家在幂级数、尖锥术等方面已取得了一些微积分成果，在分析组合学方面也收获颇丰。然而，即便如此，在世界同行中，中国仍然没有处于领先地位。

6. 现代数学开端

近代数学的开端主要集中在1911年至1949年这一时期。

到了19世纪末20世纪初，中国数学界发生了巨大变化，派出大批留学生，创办新式学校，组织学术团体，增设专门的期刊，中国自此进入了现代数学研究阶段。

从1847年开始，以容闳为代表的第一批学生出国后，掀起了一股出国留学的浪潮。当时出国留学人数每年至少千人，他们学成归国后，在中国形成了一支举足轻重的现代科学队伍。

在早期出国留学的人中，学数学的人寥寥，苏步青、陈建功、陈省身、周炜良、许宝騄、华罗庚、林家翘等人做出的贡献最大。

这样一批海外学子回国之后，促进了科研、教育、学术交流等方面的发展。

科研上，克服种种困难，1949年以前共发表652篇论文，虽然数量不多，范围也只限于纯数学方面，但是水平并不低于世界上的同行。

教育上，设置了正规课程，数学的学习时长多于文科，对教科书也进行了更换。截至1932年，中国国内各大学已有一支约155人的数学教师队伍，可以开5至10门专业课。

学术交流上，1935年7月成立“中国数学会”，创办《中国数学会学报》和《数学杂志》。1932 年至 1936 年，第九、十次国际数学家大会，均有中国人出席。这时，应邀到华讲学的外国数学家接踵而至，打破了过去闭关自守的局面，带来了新的气息。

7. 新中国成立后的发展

1949 年，新中国成立之初，尽管中国正处于物资紧缺、百废待兴的困境，但国家却对科学事业非常重视。1949 年 11 月成立了中国科学院，1952 年 7 月成立了数学研究所。紧接着，中国数学会及其创办的学报恢复并增创了其他数学专刊，一些科学家的专著先后出版，这一切都推动了数学研究的发展。

新中国成立后的 18 年间，发表论文的篇数占新中国成立前总篇数的 3 倍多，其中不少论文对于过去来说都是零的突破，有的还跻身世界前列。

之后，数学研究在曲折中前进。随着郭沫若先生那篇文采斐然的《科学的春天》的发表，数学的园地里又迎来了百花齐放的春天。1977 年，在北京制订了新的数学发展规划，恢复数学学会工作，复刊、创刊学术杂志，加强数学教育，加强基础理论研究……

8. 古代成就

在中国古代数学发展史中，祖先的成果数不胜数，这里只列一个“清单”，使大家有一个直观的印象。

（1）十进位制计数法和零的采用。源于春秋时代，比第二发明者印度早 1000 多年。

（2）二进位制思想起源。源于《周易》中的八卦，比第二发明者德国数学家莱布尼茨（1646—1716）早 2000 多年。

(3) 几何思想起源。源于战国时期墨子的《墨经》，比第二发明者欧几里得（约前 330—前 275）早 100 多年。

(4) 勾股定理（商高定理）。发明者商高（西周人），比第二发明者毕达哥拉斯（前 580 至前 570 之间—约前 500）早 550 多年。

(5) 幻方。我国幻方法最早见于春秋时期的《论语》和《易经》中，比国外早 600 多年。

(6) 分数运算法则和小数。在《九章算术》中，中国已出现了完整的分数运算法则，其传本最晚在公元 1 世纪已出现。印度在公元 7 世纪才出现了相同的法则，并被认为此法的“鼻祖”，中国比印度早 500 多年。中国运用最小公倍数的时间比西方早 1200 年。运用小数的时间比西方早 1100 多年。

(7) 负数的发现。此发现最早见于《九章算术》，比印度早 600 多年，比西方早 1600 多年。

(8) 盈不足术，又名双假位法。最早见于《九章算术》中的第七章。在世界上，直到 13 世纪，欧洲才出现了相同的方法，中国比欧洲早 1200 多年。

(9) 方程术。最早出现于《九章算术》中，其中解联立一次方程组方法，比印度早 600 多年，比欧洲早 1500 多年。在用矩阵排列法解线性方程组方面，世界上其他国家比中国晚 1800 多年。

(10) 最精确的圆周率——“祖率”。比其他国家早 1000 多年。

(11) 等积原理，又名“祖暅原理”。在西方，直到 17 世纪，才由意大利数学家卡瓦列里（1589—1647）发现。他的发现要比祖暅晚 1100 多年。

（12）二次内插法。隋朝天文学家刘焯最早发明，比牛顿（1643—1727）早 1000 多年。

（13）增乘开平方法，在现代数学中又叫“霍纳法”。11 世纪，我国宋代数学家贾宪最早发明，英国数学家霍纳（1786—1837）提出的时间比贾宪晚 800 年左右。

（14）杨辉三角，实际上是一个二项展开式系数表。最早是由贾宪创造的，见于他的著作《黄帝九章算法细草》中，不幸的是此书流失了。南宋人杨辉在他的《详解九章算法》中又编此表，所以又叫“杨辉三角”。1653 年，法国的数学家帕斯卡（1623—1662）也创造了此表，比贾宪晚了近 600 年。

（15）中国剩余定理，实际上就是解联立一次同余式的方法。这种方法最早出现于《孙子算经》中。1801 年，德国数学家高斯（1777—1855）在《算术探究》中提出这一解法，中国比德国早 1500 多年。

（16）数字高次方程方法，又名“天元术”。金元年间，我国数学家李冶发明设未知数的方程法，并将它与算筹联系起来。这种方法比世界其他国家早 300 多年，为后来的多元高次方程解法打下了稳固的基础。

（17）招差术，也就是高阶等差级数求和方法。从北宋起，中国就有很多数学家研究这个问题。到了元代，朱世杰率先发明了招差术，解决了这个问题。400 年后，牛顿才获得了相同的公式。

附录二 数学家殿堂

知识点提要

1. ______________________________
2. ______________________________
3. ______________________________
4. ______________________________
5. ______________________________

数学园地里如此繁密茂盛，那么发现并精心培育这些数学奇葩的伟大数学家都有哪些呢？在这里我们精心挑选了六位中外伟大的里程碑式的人物，让我们来看看吧！

1. 万物皆数——毕达哥拉斯

想象一个场景，在近2600年前的古希腊，一群人站在大街上嚷嚷着：“万物皆数，万物皆数……”你是不是觉得很有趣呢？这是个真实的事情，领头的是他们的老师，名字叫毕达哥拉斯，一个古希腊的数学家。

毕达哥拉斯和他的学生们创立了一个学派，叫作毕达哥拉斯学派。那么他们为什么又嚷嚷着“万物皆数”呢？因为他们认为数字太重要了，是世间万物的本质，用数字能够解释一切。数字对他们而言，不仅仅是为了计算，还是揭开自然奥秘的关键。比如说他们从五个苹果、五个手指中抽象出“五”这个数，这个数又可以用来指代或计算别的事物，从而使得算术成为可能。现在看来这些认识真是太简单了，可是在毕达哥拉斯的时代，这是一个巨大的进步。这么说来“万物皆数”好像还挺有道理的！

不过，在毕达哥拉斯看来，数不仅仅是解释万物，还能用来解释宇宙，甚至能解释众神。他认为整个宇宙都是数和数之间关系的和谐体系，数字是众神之母，是一切的本原，上帝都是通过数来统治宇宙的。现在当然知道这是不可能的，但古人做错的事情，我们忽略掉就行了。

那么毕达哥拉斯又是谁？他是怎么创立他自己学派的呢？

公元前 572 年，毕达哥拉斯出生在希腊萨摩斯岛上。当时这个岛的经济、文化等各方面都比希腊本土的各个城邦要好很多。数学家小时候一般都很聪明，毕达哥拉斯也不例外。同时，他父亲是当时希腊贵族，也非常富有，所以他在很小的时候能够游历东西方的文明古国，除了希腊，还有巴比伦、印度、埃及等，拜访了很多有学问的人，跟他们学习。所以在 20 多岁以后，他就成为一个非常有学问的人。不幸的是，学成归来的毕达哥拉斯并不受欢迎。所以他又被迫离开家乡前往埃及学习。他一边学习埃及的文化，一边宣传希腊哲学。就在这个过程中，他慢慢地成为一名受到大家欢迎的老师，很多人都来跟他学习。后来，他来到当时希腊人居住的西西里岛，创立了他自己的学派和宗教团体“毕达哥拉斯学派”。

毕达哥拉斯是一位好老师，他想让每个人都能懂得几何知识。有一次，他看到一个穷人，就想教给这个人几何知识。可是这个人觉得没什么用，毕达哥拉斯就拿出钱来鼓励他学习。开始的时候，这个穷人为了钱跟毕达哥拉斯学习。可是后来，这个穷人喜欢上了几何，反而跟老师说要教快一点，宁可每次给老师钱。很快，毕达哥拉斯就把自己的钱全都收回去了，这个穷人也学会了很多几何知识。

他除了非常擅于教会别人，还允许女生来听课，他的学派也有很多女学者，这在当时是非常不可想象的。

在毕达哥拉斯老年的时候，国家发生了动乱，有资料说他被人暗杀了。不过近 2600 年过去了，他的坟墓一直保留在今天的意大利，这已经能够说明他对于人类的意义。在他去世后，他的学生把他教会的知识继续传播到其他地方，毕达哥拉斯学派一直繁荣了 200 年之久。

毕达哥拉斯最著名的数学贡献是毕达哥拉斯定理，也就是勾股定理。尽管中国人要比他早发现 100 多年，但在东西方交流并不通畅的古代，这毫无疑问也是他的独立发现，西方国家一般把勾股定理称为毕达哥拉斯定理。除此之外，毕达哥拉斯对数论做了许多研究，将自然数区分为奇数、偶数、素数、完全数、平方数、三角数和五角数等；在几何学领域还研究了黄金分割、正五角形和相似多边形的作法，证明了正多面体只有五种——正四面体、正六面体、正八面体、正十二面体和正二十面体。

人无完人，伟大的人物也不例外。毕达哥拉斯一生中最大的错误就是否认无理数的存在。他的一名叫作希伯索斯的学生发现正方形的对角线与其一边的长度是不可公度的（无理数，不能表示为整数或者分数），与“万物皆数”中所指的有理数不同。因为毕达哥拉斯宣称：任何量，在任何精确度的范围内都可以表示成有理数。毕达哥拉斯非常恐慌，担心影响自己的学术地位，于是极力掩盖这个事实。不过，最终无理数还是被大家认识了，但这一类与人们常识不同的数字也导致数学史上著名的“第一次数学危机”。典型的无理数有哪些呢？有$\sqrt{2}$，π，e。

毕达哥拉斯的故事讲完了，读者有什么感想呢？是不是一方面要学习他勇于探索的精神，另一方面又要避免重复他不愿意接受真理的缺点呢？

2. 几何之父——欧几里得

几何，就是研究空间结构及性质的一门学科，几何思想是数学中最重要的一类思想。著名的物理学家爱因斯坦曾经说道：“几何学的这种明晰性和可靠性给我留下了一种难以形容的印象。”现代每个中小学生都必然会学到几何，其核心就是欧氏几何。欧氏几何的创始人就是生活在2400年前的古希腊数学家欧几里得，现在我们就来讲一讲他的故事。

那么，在欧几里得出生之前有几何吗？当然有。早期人类在建筑、天文、工艺品制作等领域就运用了几何学，总结了一些关于长度、角度、面积和体积的经验原理。欧几里得的贡献在于：用一个逻辑系统把前人总结出来零零碎碎的几何学原理组织成一个几何大厦，并完成了数学史上的伟大著作《几何原本》，这本书是人类世界发行最广、使用时间最长的一本书。2000 多年来，《几何原本》一直是学生学习几何学的必备教材，现在也不例外。人类历史中的很多伟大人物都受益于这本书，爱因斯坦是这样，哥白尼、伽利略、牛顿也都是这样。根据欧几里得的《几何原本》构造的几何学就是欧氏几何，它的创立对数学的发展起到了巨大而深远的影响，是数学发展史上一座不朽的丰碑。

那么，欧几里得是谁？他的人生又有着什么样的奇遇？

欧几里得出生于公元前 330 年，公元前 275 年去世。由于历史确实太过久远，欧几里得出生在什么样的家庭，现在已经无从考证，人们只知道他曾经是当时埃及国王托勒密一世建立的亚历山大大学的一名老师，而《几何原本》是他撰写的教材。但有几个小故事可以告诉我们他是什么样的人。

第一个故事是关于"不懂几何的人不能入内"。古希腊的哲学家柏拉图建立了一座学校，称为柏拉图学园。这所学校非常有名，是欧洲第一所综合性学校，教授哲学和自然科学，很多当时的有志青年都渴望来这里深造，许多学者慕名来到这里，这所学校也就越来越有名。据说，有一天，很多年轻人来到学园门口，只看见大门紧闭，还挂了一块牌子，上面写着："不懂几何者，不得入内！"据说这是当年柏拉图亲自立下的规矩，为的是让学生知道他对数学的重视。不过这样一来却把前来求教的年轻人搞糊涂了，很多人想我是来学习的，当然不会懂几何学了。正在大家面面相觑，不知道怎么办的时候，欧几里得从人群中走了出来，只见他整了整衣冠，看了看那块牌子，然后果断地推开了学园大门，头也没有回地走了进去。为什么啊？因为他懂几何学啊。

另外一个故事是关于测量金字塔。那时候，埃及建造了高大的金字塔，可是谁也不知道金字塔究竟有多高。一些人就说："要想测量金字塔的高度，比登天还难!"这话传到欧几里得耳朵里。他笑着告诉别人："这有什么难的呢？当你的影子跟你的身体一样长的时候，你去量一下金字塔的影子有多长，那长度便等于金字塔的高度!"

还有一次，一个国王跟着欧几里得学习几何，可是国王对他一遍一遍解释他的几何学很不耐烦，就问他："有没有简单的方法，或者捷径能够学习几何学呢?"欧几里得回答道："陛下，乡下有两条路，一条是老百姓走的崎岖不平的路，另外一条是供皇家走的平坦的路，可是在几何学里，大家只能走同一条路，没有什么皇家大道，请陛下明白。"欧几里得的这句话后来被推广为："求知无坦途"，广为流传。

那么《几何原本》这本书又是如何写成的呢？在欧几里得以前，人们已经积累了许多几何学的知识，然而这些知识缺乏系统性。大多数是片断、零碎的知识，公理与公理之间、证明与证明之间并没有很强的联系性，也没有对公式和定理进行严格的逻辑证明。欧几里得下定决心在有生之年完成几何学的系统梳理工作。在亚历山大大学的日日夜夜里，他一边收集以往的数学专著和手稿，一边向有关学者请教，一边试着著书立说，阐明自己对几何学的理解。欧几里得忘我地工作，终于在公元前 300 年写完《几何原本》

一书，从此建立了欧氏几何学。

《几何原本》的特别之处在于从公理、定义出发，设计了由论证命题得到定理的几何学论证方法，形成了一个逻辑严密的体系。在整部书的内容安排上，由浅入深，从简至繁，先后论述了直边形、圆、比例论、相似形、数、立体几何及穷竭法等内容。其中关于穷竭法的讨论，是近代微积分思想的来源。

除了具体的几何学知识，《几何原本》也在方法论上对数学的发展起到重要影响。在具体的几何论证方法方面，欧几里得提出了分析法、综合法和归谬法。所谓分析法就是先假设所要求的已经得到了，分析这时候成立的条件，由此达到证明的步骤；综合法是从以前证明过的事实开始，逐步地导出要证明的事项；归谬法，也称为反证法，是在保留命题的假设下，否定结论，从结论的反面出发，由此导出和已经证明过的事实相矛盾或和已知条件相矛盾的结果，从而证实原来命题的结论是正确的。

除了《几何原本》这本伟大著作，欧几里得还撰写了《数据》《图形分割》《论数学的伪结论》《光学》《反射光学之书》等著作，在数论、圆锥曲线、球面几何学及透视等方面也做出了很多贡献。

从欧几里得开始，几何学成为一门独立的科学。

3. 与牛顿齐名——阿基米德

很多人一定听过这样一句名言："给我一个支点，我就能撬起整个地球。"说这句话的人就是阿基米德。他与牛顿、高斯并列为世界公认的三大数学家。

不过阿基米德与其他两位数学家不同，在他生活的年代，人们并没有很多数学知识，还不懂得尊重科学。他出生于公元前 287 年的古希腊，公元前 212 年在希腊和罗马的战争中被士兵杀死。如果那位士兵知道阿基米德所做的贡献，或许不会杀死这位伟大的人。

阿基米德出生在希腊西西里岛叙拉古城附近的一个小村庄，他家是一个富有的希腊贵族家庭，还与叙拉古统治者赫农王有亲戚关系，并和后来继承王位的王子是朋友。阿基米德的父亲是天文学家也是数学家，因此给儿子起名为阿基米德，即大思想家。也许是家庭的影响，阿基米德从小就对数学、天文学产生了浓厚的兴趣。

在阿基米德 11 岁时，他被父亲送到埃及的亚历山大城跟随欧几里得的学生埃拉托塞和卡农学习。亚历山大城有着“智慧之都”之称，是当时的世界知识、文化贸易中心，学者云集，人才荟萃。阿基米德向很多著名的数学家学习，包括前一个故事里的欧几里得，这奠定了阿基米德日后从事科学研究的基础。

不过在阿基米德出生时，古希腊的辉煌文化已经逐渐衰退，经济、文化中心逐渐转移到埃及的亚历山大城；但是另一方面，意大利半岛上新兴的罗马共和国，也正不断地扩张势力；北非也有新的国家迦太基兴起。阿基米德就是生长在这种新旧势力交替的时代，而他的家乡叙拉古城也就成为许多势力的角斗场所。公元前 218 年，罗马帝国与北非迦太基帝国爆发了第二次布匿战争，夹在两个强国之间的叙拉古也被迫卷入战争。阿基米德虽不赞成战争，但又不得不尽自己的责任保卫祖国。阿基米德眼见国土危急，护国的责任感促使他奋起抗敌，于是阿基米德绞尽脑汁，日以继夜地发明御敌武器。史书说阿基米德利用自己的科学知识多次拯救了国家。

有一次，阿基米德利用杠杆原理制造了一种叫作石弩的抛石机，能把大石块投向罗马军队的战舰，或者使用发射机把矛和石块射向罗马士兵，凡是靠近城墙的敌人，都难逃他的飞石或标枪。据说，当时他造了巨大的起重机，可以将敌人的战舰吊到半空中，然后重重地摔下，使战舰在水面上粉碎。

有一天，叙拉古城遭到罗马军队的偷袭，而叙拉古城的青壮年和士兵都上前线去了，城里只剩下老人、妇女和孩子，处于万分危急的时刻。阿基米德让妇女和孩子每人都拿出自己家中的镜子一齐来到海岸边，让镜子把强烈的阳光反射到罗马军舰的主帆上，千百面镜子的反光聚集在船帆的一点上，船帆燃烧起来了，火势趁着风力，越烧越旺，罗马人不知底细，以为阿基米德又发明了新武器，就慌慌张张地逃跑了。据说，罗马将军马塞拉斯承认："这是一场罗马舰队与阿基米德一人的战争" "阿基米德是神话中的百手巨人"。

公元前 212 年，古罗马军队再次入侵叙拉古，阿基米德被罗马士兵杀死，终年 75 岁。阿基米德的遗体被葬在西西里岛，墓碑上刻着一个圆柱内切球的图形，以纪念他在几何学上的卓越贡献。关于他的死也有几个传说版本。

第一种，罗马士兵闯入阿基米德的住宅，看见一位老人在地上埋头作几何图形，阿基米德对士兵说你们等一等再杀我，我不能给世人留下不完整的公式！还没等他说完，士兵就杀了他。他是带着遗憾死去的。

第二种，一个罗马士兵突然出现在他面前，命令他到马塞拉斯那里去，遭到阿基米德的严词拒绝，于是阿基米德不幸死在了这个士兵的刀剑之下。

第三种，阿基米德坐在残缺的石墙旁边，正在沙地上画着一个几何图形。一个罗马士兵命令阿基米德离开，他傲慢地做了个手势说："别把我的圆弄坏了！"罗马士兵勃然大怒，马上用刀一刺，就杀死了这位伟大的古代科学家阿基米德。

第四种，罗马士兵闯入了阿基米德的住宅，看见一位老人正在自家宅前的地上画图研究几何问题，阿基米德说："走开，别动我的图！"战士一听十分生气，于是拔出刀来，朝阿基米德身上刺下去。

不过，即便他死了，对手也非常尊敬他的智慧。罗马将军马塞拉斯把杀死阿基米德的士兵当作杀人犯处死，还为阿基米德举行了隆重的葬礼，修建了一座陵墓，并在墓碑上根据阿基米德生前的遗愿，刻上了"圆柱内切球"这一几何图形。

阿基米德在物理学、数学和天文学方面都做出了巨大贡献。物理学方面最重要的是浮力原理、杠杆原理的发现。数学方面最重要的贡献包括：利用"逼近法"算出球面积、球体积、抛物线、椭圆的面积，十分接近后来的"微积分"；利用割圆法求得圆周率 π 的值介于 3.14163 和 3.14286 之间；螺旋形曲线的性质；算出球的表面积是其内接最大圆面积的 4 倍；导出圆柱内切球体的体积是圆柱体积的三分之二。天文学方面，阿基米德的主要贡献包括：制成了一架测算太阳对向地球角度的仪器；发明了水力天象仪；最早怀疑地球中心说并猜想地球围绕太阳运动。

阿基米德流传后世的著作有 10 多种，著作风格深受欧几里得《几何原本》的影响，都是通过严谨的逻辑进行证明。从工程应用的角度出发，他的作品往往融合数学和物理。他的典型数学著作包括《论球与圆柱》《圆的度量》《论螺线》《抛物线求积》《圆锥体和椭球体》《数沙者》等。在物理学方面，他的著作包括《论浮体》《论杠杆》等。

4. 中国数学家——祖冲之

在阿基米德的故事中，我们讲到阿基米德用割圆法求得圆周率 π 的值介于 3.14163 和 3.14286 之间。而在地球另外一侧的中国，也有一个人因为圆周率的计算而闻名，他就是祖冲之，首次将“圆周率”精算到小数点后第七位。

比祖冲之早出生 200 多年的中国魏晋时期数学家刘徽在《九章算术》注中，用割圆术证明了圆面积的精确公式，并给出了计算圆周率的方法，他得到的 π 为 3.1416，称为“徽率”，这个结果与阿基米德的差不多，但落后了几百年。祖冲之在刘徽的计算基础上，计算出 π 在 3.1415926 和 3.1415927 之间，被世界公认为第一位将圆周率值计算到小数后第七位的科学家，这个纪录 1100 多年后才被西方再次超越。下面就讲一讲这位中国数学家的故事。

谁是祖冲之？他一生做过哪些事情？

祖冲之，429 年（南朝宋元嘉六年）出生于建康（今南京），祖籍范阳郡遒县（今河北涞水县）。西晋末年，北方发生大规模战乱，祖冲之的先辈从河北迁徙到江南，并在江南定居下来。祖冲之就出生在江南，他的祖父祖昌任刘宋朝①管理土木工程的官吏，父亲祖朔之做“奉朝请”，学识渊博，常被邀请参加皇室的典礼、宴会。

祖冲之从小就受到很好的家庭教育。爷爷给他讲“斗转星移”，父亲领他读经书典籍，家庭的熏陶，耳濡目染，加之自己的勤奋，使他对自然科学和文学、哲学，特别是天文学产生了浓厚的兴趣，在青年时代就有了博学的名声。

祖冲之从很小的时候就喜欢数学，常常搜罗来很多古代的资料进行学习。他也从来不唯书，也就是不会绝对相信书上说的话，而是亲自进行测量和计算。由于他博学多才，后来皇帝就派他到当时朝廷的华林学省做研究工作，这是一个学术研究机构，后来又到总明观任职。总明观相当于现在的中国科学院，是当时全国最高的科研学术机构。总明观内分设文、史、儒、道、阴阳 5 门学科，实行分科教授制度，请来各地有名望的学者任教，祖冲之就是其中之一。在这里，祖冲之接触了大量国家藏书，包括天文、历法、算术等方面的书籍，积累更加深厚。

后来几年，祖冲之又到几个地方做官，在从政的同时，他从来没有放弃自己的学术研究，先后完成了《大明历》、指南车、千里船、水碓磨、漏壶（古代计时器）等研究和发明。

---

① 刘宋朝：是指中国南北朝时期的南朝宋。为了与后来赵匡胤建立的宋朝相区分，故称其为刘宋朝。

在祖冲之晚年的时候，当时国家发生了战乱，他不再研究数学和天文，转而研究社会和文学，在 72 岁时去世。在他去世后的第十年，他发明的《大明历》最终颁布发行。

祖冲之在数学领域的贡献除了圆周率的计算，还写了《缀术》五卷，后来被收入著名的《算经十书》中。在《缀术》中，祖冲之提出了“开差幂”和“开差立”的问题。“开差幂”就是已知长方形的面积和长宽的差，用开平方的方法求它的长和宽，它的具体解法已经是用二次代数方程求解正根的问题。而“开差立”就是已知长方体的体积和长、宽、高的差，用开立方的办法来求它的边长。问题还包括已知圆柱体、球体的体积来求它们的直径，所用到的计算方法已是用三次方程求解正根的问题了。三次方程的解法以前没有过，祖冲之的解法是一个前所未有创举。《缀术》一书还曾流传至朝鲜和日本，在朝鲜、日本古代教育制度、书目等资料中，都曾提到这本书。

除了数学成就，祖冲之在天文历法方面也成就卓著。他根据精密的闰周、岁差、交点月推算，编撰了更为精准的《大明历》。祖冲之根据对木、水、火、金、土等五大行星在天空运行的轨道和运行一周所需时间的观测和推算，给出了更精确的五星会合周期。在机械方面，祖冲之发明了指南车、千里船、水碓磨、漏壶（古代计时器）等。

为了纪念这位伟大的数学家和天文学家，现代的一些天文发现以他的名字命名。1967 年，国际天文学家联合会把月球上的一座环形山命名为“祖冲之环形山”。1964 年 11 月 9 日，紫金山天文台将 1964 年发现的，国际永久编号为 1888 的小行星命名为“祖冲之星”。

5. 数学中的转折点——笛卡儿

要是没有笛卡儿发明平面直角坐标系，就不会有解析几何，微积分也就不会存在，数学也不会变成现在的样子。

从平面直角坐标系和解析几何开始，此前代数和几何项分离的趋势结束了，“数”与“形”统一在一起，曲线和方程对应了起来。基于这种统一，数学在思想方法上发生了重大转折，数学由常量数学进入变量数学（简称为“变数”）的时期。恩格斯对此评价道：“数学中的转折点是笛卡儿的变数。有了变数，运动进入了数学，有了变数，辩证法进入了数学，有了变数，微分和积分也就立刻成为必要了。”

是什么让笛卡儿变得如此伟大？他的人生有什么特别之处呢？

1596 年 3 月 31 日，笛卡儿出生在法国都兰省海乐村的一个富裕家庭。因为家庭经济条件很好，所以笛卡儿青少年时期享受到很好的教育。他 20 岁时毕业于法国乃至欧洲最古老且最富盛名的大学——普瓦提埃大学，获得法律学学位。尽管笛卡儿拿的是法律学学位，但他唯独钟爱数学，认为除数学无懈可击外，其他知识都是不完备的。作为一个富裕家庭的年轻人，笛卡儿青年时无须为找到一份工作谋生发愁，反而有漫游欧洲的机会。

从 20 岁到 32 岁，他不仅游历了欧洲的许多国家，还参加过荷兰、巴伐利亚和匈牙利等国的军队。尽管他到处游荡，但并不游手好闲，而是在游历中不断思考一些关于发现真理方法的问题。到 32 岁以后，他开始把他所想到的有关研究的方法写下来。本来打算完成一本叫作《思维指南录》的书稿，但也许他不想让其他人学会他的方法，这本书直到他去世 50 年以后才正式出版。此后的 4 年中，笛卡儿运用自己的方法进行科学研究，在生理学、光学、气象学、数学等几个学科领域都做过重要的研究。关于这段从青年到中年的时光，笛卡儿后来在他的著作中进行了回忆：“我完全放弃了学习。我决心不去寻找任何知识，除了在我自己身上或在世界这本伟大的著作中所能找到的知识之外，我把我所有的青年时光用于旅行、访问法庭和军队、与不同性情和级别的人们交往，收集各种经验，在命运给我的环境中考验自己，时常回想我所经历过的一切，以便从中获益。”游历、思考、总结、实践，笛卡儿一边研究一边思考，一系列闪光的思想逐渐成熟起来。

1637 年，笛卡儿 41 岁时出版了他最有名的著作《正确思维和发现科学真理的方法论》。这本书除了关于方法论的探讨，更重要的是还附了三篇论文：第一篇讨论光的折射定律（尽管已经有前人发现）、透镜和多种其他光学仪器、眼睛的功能及病态的原因，甚至提出了一种光的学说，为后续系统的光波学说揭开了序幕；第二篇用现代的观点来探索气象，讨论了云雨风，正确解释了彩虹的形成原因。其中还指出热是一种内在运动形式的正确推论；第三篇更是惊人的论文，笛卡儿介绍了解析几何，从此开启了一个数学发展的新时代。1641 年，笛卡儿发表了另一部名著《冥想录》。1644 年，他的《哲学原理》问世。这些著作所蕴含的光辉思想，标定了笛卡儿在哲学、数学、物理学等领域中的坐标系位置。

天妒英才，1649 年笛卡儿接受瑞典女王克里斯蒂的邀请，来到斯德哥尔摩担任女王的私人教师。但由于寒冷，笛卡儿感染了肺炎，4个月后笛卡儿就被病魔夺去了生命，从此人类世界失去了一位伟大的思想巨人。

在数学领域，笛卡儿最伟大的发现是直角坐标系，而这个发现与一只蜘蛛有很大的关系。

据说，有一次，笛卡儿生病了，他躺在床上。不过他并没有呼呼大睡，而是还在思考困惑他很久的问题。这个问题就是用什么方法把数学方程和几何图形联系起来，或者说怎么用几何图形来表示方程呢？他想了很久，可是都没有头绪。有一天，他突然发现墙角的一个蜘蛛顺着蛛丝垂下来，然后又爬上去继续左右拉丝。看到这里，笛卡儿的思路豁然开朗。他把墙角和地面想象成三个坐标轴，蜘蛛想象成一个点，这个点不断上下左右移动，变换坐标系中的三个坐标轴对应的位置数据。想到这里，笛卡儿知道他有了一个重大的发现，这就是平面直角坐标系的雏形。有了坐标系，创立解析几何自然水到渠成。在他的著作《几何》中，笛卡儿证明，几何问题可以归结成代数问题，也可以通过代数转换来发现、证明几何性质。

有了笛卡儿发明的解析几何，牛顿和莱布尼茨发明微积分也就容易多了。

6. 人类的骄傲——牛顿

前面讲过阿基米德、牛顿、高斯并称为世界公认的三大数学家。同时，牛顿也是可以与爱因斯坦并列的伟大物理学家。

在数学领域，牛顿与莱布尼茨几乎同时发明了微积分。除此之外，他还证明了广义二项式定理，提出了“牛顿法”以趋近函数的零点，并为幂级数的研究做出了贡献。在物理学领域，牛顿运动定律、万有引力定律等牛顿物理学知识是中学学生必然会学到的知识，牛顿在光学、声学、流体力学、声速等方面也做出了很多贡献。在经济学领域，牛顿提出了金本位制，这个制度影响了全球经济的运行，一直到 20 世纪 70 年代才宣告结束。因此，人们通常把牛顿称为百科全书式的科学家。

与前面的几位数学家不同，牛顿并没有出生在富裕的家庭，这使得他青少年时期备受挫折，甚至多次面临失学的危险。但他对科学的矢志不渝的追求，以及在各种奇迹般的命运安排下，使得他最终成为一个伟大的人、一个被人类永远纪念的人。

1643 年 1 月 4 日，艾萨克·牛顿出生于英格兰林肯郡乡下的一个小村落——伍尔索普村的伍尔索普庄园。很不幸，在牛顿出生前 3 个月，他的父亲去世了。由于家庭的变故，可以想象，牛顿一出生便面临艰难的境况。首先，牛顿是一个早产的婴儿，因而身体非常弱小，甚至他母亲说在他刚出生时可以把他放进一个马克杯里。其次，在牛顿 3 岁时，他的母亲嫁给一个牧师，而牛顿被托付在他的祖母家，这导致他一直对此事耿耿于怀。在他 5 岁时，家里送他去读书，他也并没有表现出天才应有的样子。

尽管儿童时期的牛顿并不特别出色，但仍然表现出一些爱思考、擅于动手实践的天资。据说，在很小的时候，牛顿就能领悟机械原理，并自己设计和制造出一个老鼠驱动的自动磨坊、一个可以叫醒自己的小水钟、风车、折叠式提灯等。

不过到了中学阶段，天才的样子就慢慢显露出来。11 岁的牛顿来到离家 20 多里的金格斯皇家中学读书，成绩出众，很受老师喜欢。也许是回家路途太远的缘故，牛顿在一位叫作威廉·克拉克的药剂师家里，在这里，他学到很多化学实验的知识。这段时间，牛顿一边勤奋读书，一边勤于动手，做了许多小工具、小发明和小实验，锻炼了自己的思考和动手能力。

尽管牛顿在中学时期学习成绩很优秀，但也险些失学。16 岁时，由于生活所迫，他母亲希望他能回到农村务农，并照顾家庭，这导致牛顿停学了一段时间。不过，爱惜牛顿才华，并喜欢牛顿爱读书的金格斯皇家中学的校长亨利·斯托克斯成功地说服了他母亲，使牛顿能够继续他的中学学习。

18 岁，经过几番波折，牛顿以完美的成绩完成了他的中学毕业报告，并成功地进入剑桥大学三一学院学习。在这里，牛顿如饥似渴地吸收着笛卡儿、伽利略、哥白尼和开普勒等伟大科学家的思想。大学时光对牛顿来说成就卓著，除了顺利获得学位，毕业时他已经发现了广义二项式定理，发明了微积分。当时，大学为了预防伦敦大瘟疫而关闭。此后两年，牛顿回到家中继续研究微积分、光学和万有引力定律。期间，鉴于他的研究成果，牛顿在 1669 年被授予剑桥大学卢卡斯数学教授席位，是历史上第二位拥有此荣誉职位的人。此时，牛顿只有 26 岁。卢卡斯数学教授席位是英国剑桥大学非常有名的一个荣誉职位，授予对象为数学及物理相关的研究者，同一时间只授予一人，牛顿、霍金、狄拉克等著名物理学家曾担任过此教席，到目前为止总共只有 19 位。

1687 年，牛顿 44 岁时发表了影响力巨大的著作——《自然哲学的数学原理》。这本书是一个里程碑，总结了近代天体力学和地面力学的成就，为经典力学规定了一套基本概念，提出了力学的三大定律和万有引力定律，从而使经典力学成为一个完整的理论体系。这本书意义巨大：一方面，它标志着经典力学的成熟；另一方面，它构造的理论体系成为近代科学的标准尺度，影响了大量的后世科学家。伟大的法国科学家拉普拉斯写道："《自然哲学的数学原理》是人类智慧的产物中最卓越的杰作。"

此后，牛顿不仅在科学领域，也在政治和经济领域做出了很多贡献。1689 年，他当选为国会议员。牛顿在 1689 年到 1690 年和 1701 年是皇家科学院的成员，在 1703 年成为皇家学会会长，并任职 24 年，直到去世，同时也是法国科学院的会员。从 1696 年直到 1727 年去世，牛顿一直兼任位于伦敦的皇家铸币厂的监管，在这里，他又为世界经济活动贡献了金本位制。1705 年，牛顿被安妮女王封为爵士。

1727 年，伟大的数学家和物理学家牛顿逝世，享年 85 岁，他与很多杰出的英国人一样，被埋葬在威斯敏斯特教堂。他的国葬仪式非常隆重，大部分英国皇家学会会员参加葬礼，给他抬棺的人是英国大法官兼上议院院长，两位公爵和三位伯爵。在他的墓碑上刻着这样一行字："他几乎神一般的思维力，最先说明了行星的运动和图象、彗星与轨道和大海的潮汐。欢乐吧，人们！在你们中间存在着点缀人类的珍品"。

牛顿的伟大怎么形容都不过分。曾经与他争夺微积分创始人头衔的莱布尼茨评价道："从世界的开始直到牛顿生活的时代为止，对数学发展的贡献绝大部分是牛顿做出的。"数学家拉格朗日也经常说牛顿是有史以来最伟大的天才。在美国学者麦克·哈特所著的《影响人类历史进程的100名人排行榜》中，牛顿名列第2位，仅次于穆罕默德。2003年，英国广播公司在一次全球性的评选最伟大的英国人活动当中，牛顿被评为最伟大的英国人之首。

牛顿在数学领域的贡献非常巨大。第一，是他与莱布尼茨几乎同时发明了微积分，并创造了各自独特的计算符号。尽管考证牛顿要早几年得出他的方法，但他没有在莱布尼茨的公开发表前发表，所以与莱布尼茨产生了一些争执。第二，牛顿的一项被广泛认可的成就是广义二项式定理，它适用于任何幂。他发现了牛顿恒等式、牛顿法，分类了立方面曲线（两变量的三次多项式），为有限差理论做出了重大贡献，并首次使用了分式指数和坐标几何学得到丢番图方程的解。他用对数趋近了调和级数的部分和（这是欧拉求和公式的一个先驱），并首次有把握地使用幂级数和反转（revert）幂级数。他还发现了 π 的一个新公式。第三，1707年，牛顿出版了《普遍算术》一书。他主要讨论了代数基础及其（通过解方程）在解决各类问题中的应用。第四，在他出版的《解析几何》中引入了曲率中心，给出密切线圆（或称曲线圆）概念，提出曲率公式及计算曲线的曲率方法。第五，他的数学工作还涉及数值分析、概率论和初等数论等众多领域。

当然，牛顿在物理学的贡献更加突出，尽管后来爱因斯坦提出了更精确的物理学定理，但牛顿运动定律和万有引力定律在一定范围内仍然大有用处。当然，这是一个关于数学家的故事，牛顿的物理学知识，读者可以找一些资料看。

牛顿喜欢钻研科学问题，也因此给大家带来了一些有趣的故事，其中一个是关于牛顿煮鸡蛋的故事。

据说，牛顿在进行科学研究时非常专心，经常会忘记生活中的小事。有一次，给牛顿做饭的老保姆有事要出去，就把鸡蛋放在桌子上说："牛顿先生！我出去买东西，请你自己煮一个鸡蛋吃吧，水已经在烧了！"正在聚精会神地计算的牛顿，头也不抬地"嗯"了一声。老保姆回来以后问牛顿煮了鸡蛋没有，牛顿头也没抬地说："煮了！"老保姆掀开锅盖一看，发现锅里居然煮了一块怀表，而鸡蛋却还在原地放着。原来是牛顿忙于计算，错把怀表当作鸡蛋扔到了锅里。

牛顿固然伟大，但数学通向未来之路并没有结束。后面还会有专门的数学家故事集，来介绍人类历史上著名的数学家，以飨读者。